ISBN 978-3-662-24369-5 ISBN 978-3-662-26486-7 (eBook)
DOI 10.1007/978-3-662-26486-7

Sonderabdruck aus
„Ingenieur-Archiv", 24. Band, 3. Heft, 1956, S. 216—232

Springer-Verlag · Berlin / Göttingen / Heidelberg

Die Berechnung des beliebig gestützten Durchlaufträgers nach dem Reduktionsverfahren

Von S. **Falk**

1. Einleitung; Ziel der Arbeit. In der Baustatik pflegt man statisch unbestimmte Tragwerke im allgemeinen nach der Eliminationsmethode mit Hilfe sogenannter „Grundsysteme" zu berechnen: entweder wird das Tragwerk durch Entfernen von Bindungen statisch bestimmt gemacht (Kraftmethode), oder durch zusätzliche Bindungen so festgehalten, daß es sich nicht mehr verformen kann (Deformationsmethode). In beiden Fällen sind die dabei auftretenden „überzähligen" Kraft- bzw. Deformationsgrößen aus linearen Gleichungssystemen nach dem *Gauß*schen Algorithmus oder anderen Verfahren (Iteration von *Biezeno*[1], Relaxation von *Cross*[2] usw.) zu ermitteln. Die Anzahl der Gleichungen, die in einfachen Fällen übersichtlich gebaut sind (Drei- bzw. Fünfmomentengleichungen und andere) wächst mit dem Grade der statischen Unbestimmtheit.

Nun ist die Einführung eines Grundsystems natürlich keineswegs zwingend; man kann ebenso gut Kraft- und Deformationsgrößen nebeneinander herführen, und da dann weder die einen noch die anderen aus dem Zusammenhang eliminiert werden, treten auch keine Überzähligen, somit auch keine Gleichungssysteme höherer Ordnung auf; der Grad der statischen Unbestimmtheit tritt bei diesem sogenannten „Reduktionsverfahren" überhaupt nicht in Erscheinung; wesentlich für die Berechnung werden vielmehr die topologischen Eigenschaften des Tragwerkes — die sich übrigens auch in den Gleichungssystemen der Eliminationsmethode widerspiegeln —, und zwar zeigt es sich, daß man beim durchlaufenden offenen Rahmen, als deren einfachsten Vertreter wir den geraden Balken mit n Feldern herausgreifen, auf Systeme von höchstens zwei linearen Gleichungen stößt.

In der vorliegenden Arbeit werden nun einfach gebaute fünfreihige Matrizen angegeben, mit denen sich die Kraft- und Deformationsgrößen eines beliebig starr oder elastisch gestützten Balkens leicht berechnen lassen. Biegesteifigkeit EJ und Belastung q brauchen nicht konstant zu sein. Einzige, auch sonst in der Baustatik übliche Voraussetzung ist, daß sämtliche Beziehungen linear sind, das *Hooke*sche Gesetz also im vollen Umfang gültig bleibt. An drei Beispielen wird das Verfahren vorgeführt und der Rechenaufwand mit dem der Eliminationsmethode verglichen.

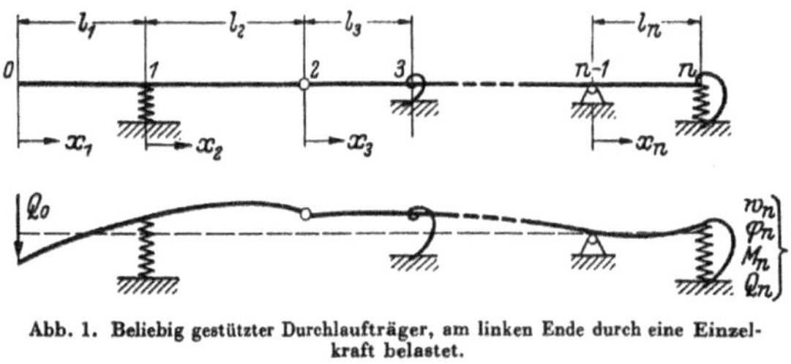

Abb. 1. Beliebig gestützter Durchlaufträger, am linken Ende durch eine Einzelkraft belastet.

2. Der Grundgedanke des Reduktionsverfahrens. Ein beliebig gestützter Balken mit n Feldern werde am linken Ende durch eine senkrechte Kraft Q_0 belastet (Abb. 1), dann sind Durchbiegung (Verschiebung) w_n, Neigung (Drehwinkel) φ_n, Biegemoment M_n und Querkraft Q_n am rechten Ende eindeutig bestimmt, und zwar als lineare Funktionen von Q_0, das heißt, die Kraft $k\,Q_0$ ruft auch die k-fachen Kraft- und Deformationsgrößen am rechten Balkenende hervor. Nun denken wir uns links außer Q_0 nacheinander ein Moment M_0, eine Verschiebung w_0 und einen Drehwinkel φ_0 — alles von beliebiger Größe —, und schließlich die über den ganzen Balken verteilte gegebene Belastung q angebracht: jedesmal sind Kraft- und Deformationsgrößen am rechten Ende festgelegt. Da nun die vier Konstanten w_0, φ_0, M_0 und Q_0 ganz willkürlich sind, lassen sich mit ihnen auch gerade die je nach der Lagerung an beiden Enden vorgeschriebenen zweimal zwei Randbedingungen erfüllen, und die eigentliche rechnerische Aufgabe besteht lediglich darin, den linearen Zusammenhang zwischen Kraft- und Deformationsgrößen an beiden Balkenenden herzustellen, was zweckmäßig mit Hilfe von Matrizen geschieht.

[1] *C. B. Biezeno* u. *R. Grammel*, Technische Dynamik, Bd. 1, S. 280, 2. Aufl., Berlin-Göttingen-Heidelberg 1953.
[2] *H. Cross*, Trans. Am. Soc. civ. Eng. 96 (1932) S. 1.

Die hier geschilderte Methode ist im Prinzip nicht neu. Sie tritt uns in ihrer einfachsten Form schon im Ziehen einer Schlußlinie bei der zeichnerischen Integration entgegen und findet sich weiterhin in der gesamten angewandten Physik und Technik, so etwa bei *Holzer-Tolle*[1] (Schwingungen von Kurbelwellen), *H. Herzberger*[2] (Strahlengang durch Linsensysteme) und *Q. Koiter*[3] (Träger auf elastischen Stützen). Besonders in den letzten Jahren wurde der Gedanke des Reduktionsverfahrens durch einige, zum Teil voneinander unabhängige Arbeiten immer mehr in den Vordergrund gerückt, so vor allem von *E. Pestel*[4] und *H. Fuhrke*[5] (Schwingungen von Stabwerken) und von *W. Schnell*[6] und *K. Marguerre*[7] (Stabilitätsprobleme). Ferner wurde das Problem vom Verfasser[8] ganz allgemein mit Hilfe normierter Fundamentalsysteme von n linearen inhomogenen Differentialgleichungen m-ter Ordnung mit insgesamt $m \cdot n$ Rand- und Übergangsbedingungen behandelt und schließlich von *H. Schaefer*[9] von der *Jakobi-Hamilton*schen Theorie der linearen kanonischen Gleichungssysteme her aufgegriffen, wobei sich unter anderem bemerkenswerte Eigenschaften der bilinearen Kovariante ergaben, die sich auch für die praktische Rechnung heranziehen lassen.

3. Feld- und Leitmatrix. Die allgemeine Lösung der Biege-Differentialgleichung

$$[EJ_i(x_i)\, w''(x_i)]'' = q_i(x_i) \tag{1}$$

im i-ten Felde der Länge $l_i = x_i - x_{i-1}$ lautet mitsamt ihren ersten vier Ableitungen

$$\left.\begin{aligned}
w(x_i) \quad &\equiv w_i(x_i) = 1 \cdot w_{i-1} - x_i \cdot \varphi_{i-1} + f_i(x_i) \cdot M_{i-1} + g_i(x_i) \cdot Q_{i-1} + \tilde{w}_i(x_i) \cdot 1\,,\\
-w'(x_i) \quad &\approx \varphi_i(x_i) = \qquad 1 \cdot \varphi_{i-1} - f_i'(x_i) \cdot M_{i-1} - g_i'(x_i) \cdot Q_{i-1} + \tilde{\varphi}_i(x_i) \cdot 1\,,\\
EJ_i(x_i)\, w''(x_i) &= M_i(x_i) = \qquad 1 \cdot M_{i-1} + x_i \cdot Q_{i-1} + \tilde{M}_i(x_i) \cdot 1\,,\\
[EJ_i(x_i)\, w''(x_i)]' &= Q_i(x_i) = \qquad 1 \cdot Q_{i-1} + \tilde{Q}_i(x_i) \cdot 1\,,\\
[EJ_i(x_i)\, w''(x_i)]'' &= q_i(x_i) = \qquad q_i(x_i) \cdot 1\,.
\end{aligned}\right\} \tag{2}$$

Dabei wurde zur Abkürzung gesetzt

$$f_i'(x_i) = \int_0^{x_i} \frac{d\xi}{EJ_i(\xi)}\,, \qquad f_i(x_i) = \int_0^{x_i} f_i'(\xi)\, d\xi\,; \qquad g_i'(x_i) = \int_0^{x_i} \frac{\xi \cdot d\xi}{EJ_i(\xi)}\,, \qquad g_i(x_i) = \int_0^{x_i} g_i'(\xi)\, d\xi \tag{3}$$

und

$$\tilde{Q}(x)_i = \int_0^{x_i} q_i(\xi) \cdot d\xi\,, \quad \tilde{M}_i(x_i) = \int_0^{x_i} \tilde{Q}_i(\xi)\, d\xi\,; \quad -\tilde{\varphi}_i(x_i) = \int_0^{x_i} \frac{\tilde{M}_i(\xi)\, d\xi}{EJ_i(\xi)}\,, \quad -\tilde{w}_i(x_i) = \int_0^{x_i} \tilde{\varphi}_i(\xi)\, d\xi\,. \tag{4}$$

Die Vorzeichen sind nach Abb. 2 so gewählt, daß einer positiven Querkraft (einem positiven Biegemoment) am rechten Schnittufer auch eine positive Verschiebung (ein positiver Drehwinkel) entspricht. Für $x_i = 0$ verschwinden offenbar sämtliche Glieder außerhalb der Hauptdiagonale in (2), und man erkennt, daß die vier willkürlichen Integrationskonstanten w_{i-1}, φ_{i-1}, M_{i-1} und Q_{i-1} nichts anderes sind als Verschiebung, Drehwinkel, Biegemoment und Querkraft an der linken Feldgrenze. Die mit dem Zeichen ~ versehenen Größen $\tilde{w}_i$, $\tilde{\varphi}_i$, $\tilde{M}_i$ und $\tilde{Q}_i$ dagegen sind die von der gegebenen Belastung im Bereiche $0 < \xi < x_i$ herrührenden Anteile.

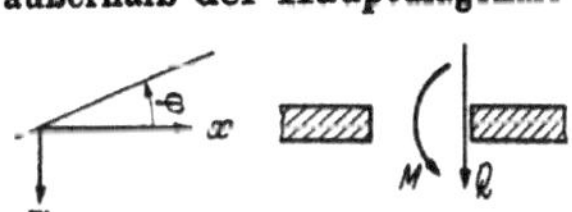

Abb. 2. Vorzeichen der Kraft- und Deformationsgrößen.

Fassen wir nun die fünf Größen w, φ, M, Q und 1 zum „Vektor" $\mathfrak{y}$ und die Koeffizienten des Gleichungssystems (2) zur „Feldmatrix" $\mathfrak{F}$ zusammen, so läßt sich nach Division der letzten Zeile durch $q_i(x_i)$ anstelle von (2) kurz schreiben:

$$\mathfrak{y}_i(x_i) = \mathfrak{F}_i(x_i)\, \mathfrak{y}_{i-1}\,. \tag{5}$$

---

1 *M. Tolle*, Regelung der Kraftmaschinen, Berlin 1921.

2 *H. Herzberger*, Strahlenoptik, S. 94, Berlin 1931.

3 *Q. Koiter*, De Ingenieur 55 (1940) S. 57. Das Verfahren findet sich ausführlich beschrieben und mit einem Zahlenbeispiel versehen bei *Biezeno-Grammel*, Technische Dynamik, Bd. 1, S. 268, 2. Aufl.

4 *E. Pestel*, Abh. Braunschweig. Wiss. Ges. 6 (1954) S. 227.

5 *H. Fuhrke*, Ing.-Arch. 23 (1955), S. 329.

6 *W. Schnell*, Z. angew. Math. Mech. 35 (1955), S. 269.

7 *K. Marguerre*, Forschungsbericht auf der GAMM-Tagung 1955 in Berlin.

8 *S. Falk*, Abh. Braunschweig. Wiss. Ges. 7 (1955), S. 74.

9 *H. Schaefer*, Vortrag auf dem Mechanik-Kollequium der Niedersächsischen Hochschulen am 3. 12. 1955 in Braunschweig.

Setzen wir hier den Wert $x_i = l_i$ ein, so wird an der rechten Feldgrenze

$$\mathfrak{y}_i(l_i) = \mathfrak{F}_i(l_i)\,\mathfrak{y}_{i-1} \tag{6}$$

oder auch

$$\mathfrak{y}_{ii} = \mathfrak{L}_i\,\mathfrak{y}_{i-1} \tag{7}$$

mit

$$\mathfrak{F}_i(l_i) \equiv \mathfrak{L}_i = \begin{pmatrix} 1 & -l_i & f_i(l_i) & g_i(l_i) & \tilde{w}_i(l_i) \\ 0 & 1 & -f_i'(l_i) & -g_i'(l_i) & \tilde{\varphi}_i(l_i) \\ 0 & 0 & 1 & l_i & \tilde{M}_i(l_i) \\ 0 & 0 & 0 & 1 & \tilde{Q}_i(l_i) \\ 0 & 0 & 0 & 0 & 1 \end{pmatrix}. \tag{8}$$

Diese sogenannte „Leitmatrix“ $\mathfrak{L}_i$ stellt nach (7) den linearen Zusammenhang zwischen Kraft- und Deformationsgrößen an den Feldgrenzen $x_i = 0$ und $x_i = l_i$ her. Die darin auftretenden, durch die Gleichungen (3) und (4) definierten festen Zahlenwerte sind die an die rechte Feldgrenze reduzierten Funktionen q_i (Belastung), M_i/EJ_i („konjugierte Belastung“), $1/EJ_i$ und x_i/EJ_i. Man denkt sich also das i-te Feld links frei, rechts eingespannt (Abb. 3), trägt die Funktion $q_i(x_i)$ in geeignetem Maßstab auf und ermittelt den Flächeninhalt $\tilde{Q}_i(l_i)$ sowie das Moment ersten Grades $\tilde{M}_i(l_i)$, entweder rechnerisch oder mit Hilfe von Kraft- und Seileck. Ebenso verfährt man mit den anderen drei Funktionen. Im Gegensatz zum *Mohr*schen Analogieverfahren gibt es hier keine „zugeordneten Balken“ mit vertauschten Auflagern; denn sämtliche Randbedingungen werden ja bereits durch die vier freien Konstanten in (2) erfaßt!

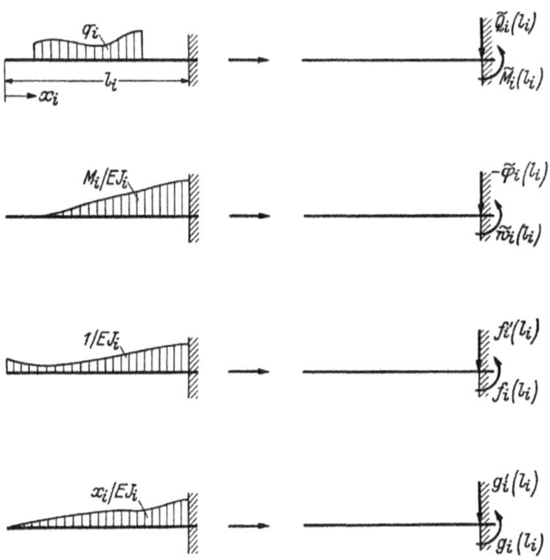

Abb. 3. Ermittlung der benötigten Funktionswerte durch Reduktion an die rechte Feldgrenze.

Falls die Biegesteifigkeit feldweise konstant ist, wird nach (3) einfach, wenn wir der Übersichtlichkeit halber noch den Index i herausziehen,

$$\mathfrak{L}_i = \begin{pmatrix} 1 & -l & l^2/2\,EJ & l^3/6\,EJ & \tilde{w}(l) \\ 0 & 1 & -l/EJ & -l^2/2\,EJ & \tilde{\varphi}(l) \\ 0 & 0 & 1 & l & \tilde{M}(l) \\ 0 & 0 & 0 & 1 & \tilde{Q}(l) \\ 0 & 0 & 0 & 0 & 1 \end{pmatrix}_i, \quad EJ_i = \text{konst.} \tag{9}$$

Die Werte der letzten Spalte dieser Matrix sind für die häufigsten Belastungsfälle in der Tabelle 1 zusammengestellt.

4. Die Übergangsmatrix. Die Matrix $\mathfrak{L}$ leitet die Werte $(w, \varphi, M, Q, 1) = \mathfrak{y}$ vom linken zum rechten Feldrande hinüber; wie aber geht nun der Übergang ins Nachbarfeld vonstatten? Vorerst sei der Balken nach Abb. 4 lediglich durch Federn und Drehfedern elastisch gestützt; deren Reaktionen sind dann nach dem *Hooke*schen Gesetz:

$$Q_{c_i} = -c_i\,w_i, \quad M_{C_i} = -C_i\,\varphi_i. \tag{10}$$

Die Federkonstanten c_i(to/m) und C_i(to m) sind entweder von vornherein gegeben oder aber aus anderen mechanischen Kenngrößen bei Queranschlüssen usw. zu berechnen. Sollten die (Dreh)-

Tabelle 1. *Belastungsgrößen für feldweise konstante Biegesteifigkeit EJ.*

	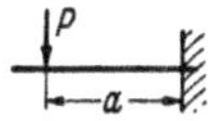	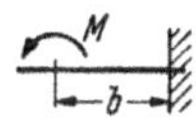	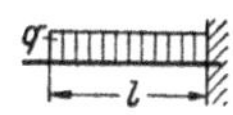	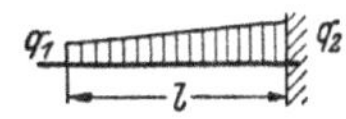
$\tilde{w}(l) =$	$Pa^3/6\,EJ$	$Mb^2/2\,EJ$	$q\,l^4/24\,EJ$	$(4\,q_1 + q_2)\,l^4/120\,EJ$
$\tilde{\varphi}(l) =$	$-Pa^2/2\,EJ$	$-Mb/EJ$	$-q\,l^3/6\,EJ$	$-(3\,q_1 + q_2)\,l^3/24\,EJ$
$\tilde{M}(l) =$	Pa	M	$q\,l^2/2$	$(2\,q_1 + q_2)\,l^2/6$
$\tilde{Q}(l) =$	P	0	$q\,l$	$(q_1 + q_2)\,l/2$

federn in der unverbogenen Lage des Balkens nicht selbst entspannt sein, so gilt nach Abb. 5 anstelle von (10) allgemeiner:

$$Q_{c_i} = -c_i\,(w_i - W_i) = -c_i\,w_i + c_i\,W_i, \quad M_{C_i} = -C_i\,(\varphi_i - \Phi_i) = -C_i\,\varphi_i + C_i\,\Phi_i. \quad (11)$$

Man braucht also nur die konstanten gegebenen Größen $c_i\,W_i$ bzw. $C_i\,\Phi_i$ zur Belastung hinzuzuschlagen und rechnet dann so, als seien sämtliche Federn ohne Vorspannung; wir kümmern uns daher im folgenden nur noch um die Gleichung (10).

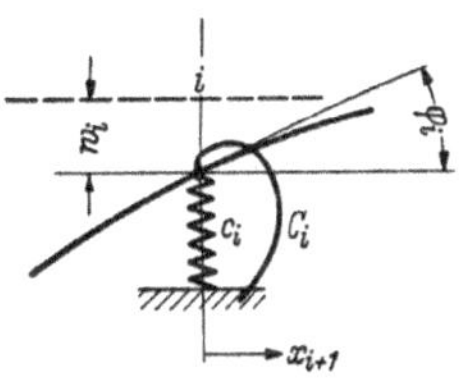

Abb. 4. Elastische Stütze mit Feder und Drehfeder.

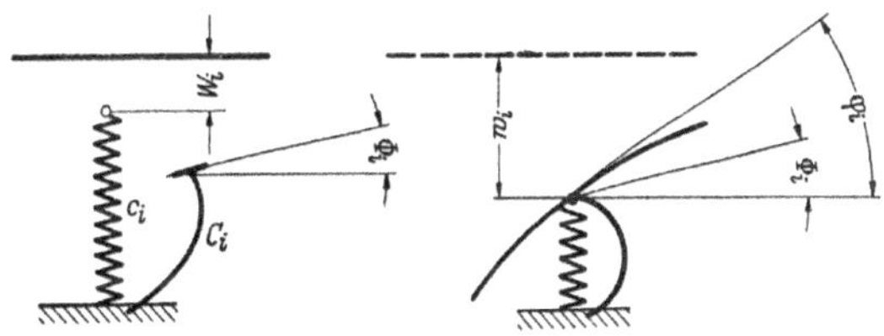

Abb. 5. Elastische Stütze mit vorgespannten Federn.

Nun können an einer Feldgrenze außer den elastischen Reaktionen auch noch andere Kraft- und Deformationsgrößen hinzutreten, die wir mit einem ^ versehen wollen. Die Gleichungen zwischen den Vektoren $\mathfrak{y}_i(l_i) \equiv \mathfrak{y}_{ii}$ und $\mathfrak{y}_{i+1}(0) \equiv \mathfrak{y}_{i+1}$ lauten dann unter Berücksichtigung von (10)

$$\left.\begin{aligned} w_{i+1} &= w_{ii} && + \hat{w}_i, \\ \varphi_{i+1} &= \varphi_{ii} && + \hat{\varphi}_i, \\ M_{i+1} &= -C_i\,\varphi_{ii} + M_{ii} && + \hat{M}_i, \\ Q_{i+1} &= -c_i\,w_{ii} + Q_{ii} && + \hat{Q}_i, \\ 1 &= && 1 \end{aligned}\right\} \quad (12)$$

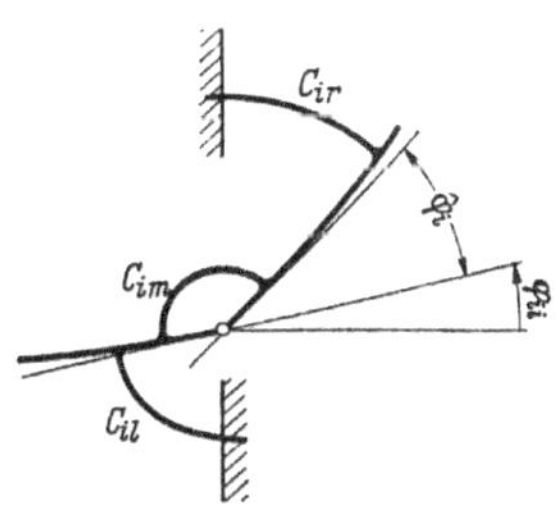

Abb. 6. Dreifach drehgefedertes Gerbergelenk.

oder kurz

$$\mathfrak{y}_{i+1} = \mathfrak{U}_i\,\mathfrak{y}_{ii} \quad \text{mit} \quad \mathfrak{U}_i = \begin{pmatrix} 1 & 0 & 0 & 0 & \hat{w}_i \\ 0 & 1 & 0 & 0 & \hat{\varphi}_i \\ 0 & -C_i & 1 & 0 & \hat{M}_i \\ -c_i & 0 & 0 & 1 & \hat{Q}_i \\ 0 & 0 & 0 & 0 & 1 \end{pmatrix}. \quad (13)$$

In das Schema dieser „Übergangsmatrix" $\mathfrak{U}_i$ ordnen sich auch allgemeinere Bindungen ein, wie etwa das dreifach gefederte Gerbergelenk von Abb. 6. Wie man sich leicht überlegt, ist hier $C_i = C_{il} + C_{ir}$, $c_i = 0$ ferner $\hat{M}_i = -(C_{im} + C_{ir})\,\hat{\varphi}_i$, $\hat{w}_i = 0$ und $\hat{Q}_i = 0$ zu setzen.

5. Der Zusammenhang von Kraft- und Deformationsgrößen an den Trägerenden. Nach (13) und (7) ist nun zunächst

$$\mathfrak{y}_{i+1} = \mathfrak{U}_i\,\mathfrak{y}_{ii} = \mathfrak{U}_i\,\mathfrak{L}_i\,\mathfrak{y}_i, \quad (14)$$

also der Reihe nach eingesetzt

$$\mathfrak{y}_n = \underbrace{\mathfrak{U}_n\,\mathfrak{L}_n\,\mathfrak{U}_{n-1}\,\mathfrak{L}_{n-1} \;\cdots\; \mathfrak{U}_2\,\mathfrak{L}_2\,\mathfrak{U}_1\,\mathfrak{L}_1}\,\mathfrak{y}_0 \tag{15}$$

oder

$$\mathfrak{y}_n = \mathfrak{P}_n\,\mathfrak{y}_0 \,. \tag{16}$$

Und diese Produktmatrix $\mathfrak{P}_n$ stellt den gesuchten Zusammenhang zwischen Kraft- und Deformationsgrößen an den Stellen $x_1 = 0$ und $x_n = l_n$ her. Man kann $\mathfrak{P}_n$ als Leitmatrix eines (gedachten) Balkens mit nur einem einzigen Feld ansehen, auf dessen Berechnung somit das ganze Problem zurückgeführt ist.

6. Äußere Randbedingungen. Von den vier willkürlichen Integrationskonstanten w_0, φ_0, M_0 und Q_0 sind, wie leicht einzusehen, stets zwei gleich Null infolge der beiden Randbedingungen links; mit den beiden übrigen, noch freien Konstanten aber lassen sich gerade die beiden Bedingungen am rechten Trägerende erfüllen. In der Tabelle 2 sind alle vorkommenden Randbedingungen zusammengestellt. In Sonderfällen können die (Dreh)federn fehlen, ebenso werden — außer bei der Stützung IV — Verschiebungen bzw. Drehwinkel an den Enden in der Regel gleich Null sein, doch ist das für das Verfahren selbst völlig belanglos.

Tabelle 2. *Äußere Randbedingungen.*

Art der Stützung	I. Einspannung	II. Festes Gelenk	III. Senkrechte Führung	IV. Freies (gefedertes) Ende
Freie Konstanten am linken Ende	M_0, Q_0	φ_0, Q_0	w_0, M_0	w_0, φ_0
Randbedingen am rechten Ende	$w_n = \text{const}$ $\varphi_n = \text{const}$	$w_n = \text{const}$ $M_n = 0$	$\varphi_n = \text{const}$ $Q_n = 0$	$M_n = 0$ $Q_n = 0$
Zeichnerisches Symbol		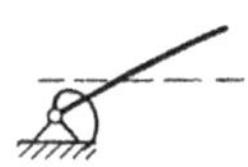	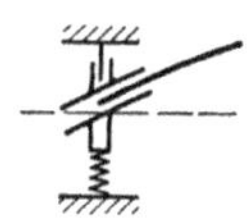	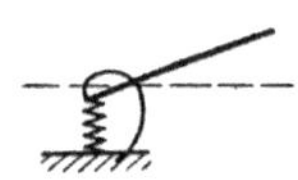

Damit ist der ganze Rechnungsgang festgelegt, und wir haben nur noch nach der Beschaffenheit der Übergangsmatrix $\mathfrak{U}_i$ drei verschiedene Fälle zu unterscheiden:

1. Sämtliche Sprunggrößen in der letzten Spalte der Übergangsmatrix sind von vornherein gegeben: Balken ohne Zwischenbedingungen.
2. Eine der Sprunggrößen ist zunächst unbekannt und erst im Laufe der Rechnung zu ermitteln: Balken mit Zwischenbedingungen.
3. Zwei der Sprunggrößen sind unbekannt; der Balken zerfällt dann in zwei voneinander unabhängige Teile. Dieser Fall ist daher für das Weitere ohne Interesse.

7. Der Balken ohne Zwischenbedingungen. Hierzu ist nach dem Vorangehenden kaum etwas zu sagen. Da sämtliche Elemente der Leit- und Übergangsmatrizen von Anfang an gegeben sind, läßt sich die Rechnung nach (15) und Tabelle 2 ohne weiteres durchführen und bietet keine Besonderheiten.

8. Der Balken mit Zwischenbedingungen. Wir stellen als erstes die vier überhaupt möglichen Arten von Zwischenbedingungen mit den zugehörigen Sprunggrößen in der Tabelle 3 zusammen. Selbstredend können alle diese Bindungen noch mit Federn und Drehfedern versehen sein (wie in Abb. 6); grundsätzliche Schwierigkeiten treten dabei nicht auf.

Um nun aus den Bedingungsgleichungen die unbekannten Sprunggrößen zu ermitteln, kann man drei verschiedene Wege einschlagen:

a) Das Ablösen der Konstanten. Soll an der Feldgrenze $x_i = l_i$, $x_{i+1} = 0$ die k-te Komponente y_{ik} des Vektors $\mathfrak{y}_i$ den festen Wert d_i annehmen (man denke zum Beispiel an eine bleibende

Tabelle 3. *Zwischenbedingungen mit zugehörigen Sprunggrößen.*

Bezeichnung	I. Festes Gelenk	II. Senkrechte Führung	III. Gerbergelenk	IV. Gabelverbindung
Bedingung	$w = \text{const} \; (= 0)$	$\varphi = \text{const} \; (= 0)$	$M = 0$	$Q = 0$
Sprunggröße (neue Konstante)	Querkraft $\hat{Q}$	Biegemoment $\hat{M}$	Drehwinkel $\hat{\varphi}$	Verschiebung $\hat{w}$
Zeichnerisches Symbol	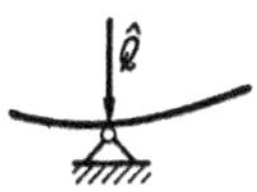			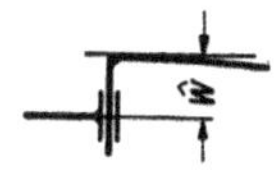

Stützensenkung der Größe d_i, dann muß die erste Komponente $w_i = d_i$ sein), so berechnet man zunächst y_{ik} als lineare Funktion der beiden bis dahin freien Konstanten A und B:

$$y_{ik} = \alpha A + \beta B + \gamma = d_i \tag{17}$$

und kann daraus eine der Konstanten, etwa B, durch die andere ausdrücken. Als Ersatz tritt nach Tabelle 3 eine neue freie Konstante (im angenommenen Beispiel die Auflager[Quer-]kraft $\hat{Q}_i$) hinzu, und die Rechnung verläuft mit A und $\hat{Q}_i$ weiter wie bisher. Bei mehreren Zwischenbedingungen empfiehlt es sich, eine der beiden Anfangskonstanten aus Tabelle 2 zur Hauptkonstante zu erklären und diese bis zum Schluß beizubehalten, während die Nebenkonstanten wieder abgelöst werden.

b) Das abgekürzte Verfahren. Die unter a) beschriebene Methode läßt sich wesentlich vereinfachen, wenn bereits an der unmittelbar benachbarten Feldgrenze $i + 1$ infolge der Zwischenbedingung $y_{i+1,k} = d_{i+1}$ eine gerade hinzugetretene neue Konstante (etwa $\hat{Q}_i$) wieder abgelöst werden muß. Dann nämlich kann man auf deren Berechnung ganz verzichten, sie sich von vornherein linear zerlegt denken in der Form

$$\hat{Q}_i = a_i \cdot A + b_i \cdot 1\,, \tag{18}$$

wo A die Hauptkonstante sei, und die unbekannten Vorzahlen a_i und b_i so bestimmen, daß die Zwischenbedingung in folgender Weise erfüllt wird:

$$y_{i+1,k} = 0 \cdot A + d_{i+1} \cdot 1 = d_{i+1}\,. \tag{19}$$

Denn die Größe von A ist ja noch völlig offen; also muß der Faktor bei A verschwinden (Gleichung für a_i), der Faktor bei 1 jedoch den Wert d_{i+1} annehmen (Gleichung für b_i). Sind an allen Feldgrenzen des Balkens Zwischenbedingungen vorgeschrieben (wie beim Clapeyronträger oder im Beispiel 3), so läßt sich die ganze Rechnung sogar allein mit der Hauptkonstante bewältigen, und die beiden Randbedingungen rechts sind obendrein entkoppelt. Falls von Interesse, lassen sich die unterdrückten Sprunggrößen (Nebenkonstanten) nachträglich leicht ermitteln.

c) Das erweiterte Verfahren. Für manche Zwecke, insbesondere für die Programmierung von Rechenautomaten, kann es vorteilhaft sein, außer den beiden Anfangskonstanten auch noch sämtliche Sprunggrößen als Unbekannte bis zum Schluß der Rechnung mitzunehmen und dann erst die äußeren Randbedingungen gemeinsam mit den Zwischenbedingungen zu erfüllen. Das so entstehende Gleichungssystem hat stets eine Matrix der sogenannten „Hessenbergform" (20) und ist bequem rekursiv auflösbar:

$$\mathfrak{H} = \begin{pmatrix} h_{11} & h_{12} & 0 & 0 & \cdots\cdots & 0 \\ h_{21} & h_{22} & h_{23} & 0 & \cdots\cdots & 0 \\ h_{31} & h_{32} & h_{33} & h_{34} & \cdots\cdots & 0 \\ \cdots & \cdots & \cdots & \cdots & \cdots & \cdots \\ h_{m1} & h_{m2} & h_{m3} & h_{m4} & \cdots\cdots & h_{mm} \end{pmatrix}. \tag{20}$$

9. Die praktische Durchführung des Verfahrens. So nützlich die Trennung in Leit- und Übergangsmatrizen für rein theoretische Fragen ist, wird man doch vor der eigentlichen Rechnung das Produkt $\mathfrak{U}_i\,\mathfrak{L}_i$ ausmultiplizieren und die grundlegende Gleichung (14) in der besonders für Rechenautomaten geeigneten Form (21) anschreiben:[1]

$$\underbrace{\begin{pmatrix} 1 & -l & f & g & \tilde{w}+\hat{w} \\ 0 & 1 & -f' & -g' & \tilde{\varphi}+\hat{\varphi} \\ 0 & -C & 1+Cf' & l+Cg' & \tilde{M}+\hat{M} \\ -c & cl & -cf & 1-cg & \tilde{Q}+\hat{Q} \\ 0 & 0 & 0 & 0 & 1 \end{pmatrix}_i}_{\mathfrak{U}_i\,\mathfrak{L}_i} \cdot \underbrace{\begin{pmatrix} w_i \\ \varphi_i \\ M_i \\ Q_i \\ 1 \end{pmatrix}}_{\mathfrak{y}_i} = \underbrace{\begin{pmatrix} w_{i+1} \\ \varphi_{i+1} \\ M_{i+1} \\ Q_{i+1} \\ 1 \end{pmatrix}}_{\mathfrak{y}_{i+1}} \qquad \begin{matrix}(21)\\ \\ (14)\end{matrix}$$

Für die Rechnung von Hand aber empfiehlt sich folgendes Schema:

$$\begin{pmatrix} 1 & -l & f & g & \tilde{w}+\hat{w} \\ 0 & 1 & -f' & -g' & \tilde{\varphi}+\hat{\varphi} \\ 0 & 0 & 1 & l & \tilde{M}+\hat{M} \\ 0 & 0 & 0 & 1 & \tilde{Q}+\hat{Q} \\ 0 & 0 & 0 & 0 & 1 \end{pmatrix}_i \cdot \begin{pmatrix} w_i \\ \varphi_i \\ M_i \\ Q_i \\ 1 \end{pmatrix} -C_i\;-c_i = \begin{pmatrix} w_{i+1} \\ \varphi_{i+1} \\ M_{i+1} \\ Q_{i+1} \\ 1 \end{pmatrix}. \qquad (22)$$

Man setzt also die Federkonstanten c_i und C_i zunächst gleich Null. Dann unterscheidet sich die Produktmatrix $\mathfrak{U}_i\,\mathfrak{L}_i$ von der Leitmatrix $\mathfrak{L}_i$ lediglich durch die fünfte Spalte, in der jetzt die Summen $\tilde{w}_i + \hat{w}_i$ usw. auftreten; mit anderen Worten: wir schlagen von Anfang an die Sprunggrößen (^) zu den Belastungsanteilen (˜) hinzu, betrachten somit alle an der Feldgrenze selbst anzubringenden Kraft- und Deformationsgrößen als zum linken Feld gehörig; die Kräfte und Momente fügen sich dann mit $a = 0$ bzw. $b = 0$ zwanglos in das Schema von Tabelle 1 ein. Die Gleichungen (10) aber erfüllen wir nachträglich direkt an den bereits berechneten Größen w_{i+1} und φ_{i+1}, wie in (22) durch die Pfeile angedeutet; der praktische Gewinn gegenüber (21) ist erheblich!

Für die Zahlenrechnung denken wir uns nun mittels zweier geeigneter Vergleichsgrößen P^* (Kraft) und l^* (Länge) alle vorkommenden Werte dimensionslos gemacht, wollen diese jedoch nicht durch eine besonders Schreibweise von den wirklichen dimensionsrichtigen Größen unterscheiden, so daß also Ausdrücke wie $\varphi_0 + 3\,M_0 = 2\,P$ durchaus ihren Sinn haben. Es empfiehlt sich im allgemeinen, mit der hundertfachen Belastung zu rechnen und $P^* = 100$ to, $l^* = 1$ m zu wählen, dann bleiben alle auftretenden Zahlen in vernünftigen Grenzen, und zum Schluß sind von sämtlichen Kraft- und Deformationsgrößen einfach zwei Dezimalstellen abzustreichen. Bei Tragwerken mit lauter gleichen Feldlängen l und Biegesteifigkeiten EJ (und wohl auch sonst) werden Kenngrößen und Belastung auf das Tragwerk selbst bezogen, indem man $l^* = l$ und $P^* = 6\,EJ/l^2$ setzt.

Soll jetzt eine beliebige Matrix $\mathfrak{K}$ mit einer Reihe von Vektoren $\mathfrak{r}_1, \mathfrak{r}_2 \ldots$ multipliziert werden, so schreibt man diese rechts oberhalb von $\mathfrak{K}$ als senkrechte Spalten hin und genau darunter, also rechts neben $\mathfrak{K}$, die Produktvektoren $\mathfrak{K}\,\mathfrak{r}_1, \mathfrak{K}\,\mathfrak{r}_2 \ldots$:

$$\left.\begin{matrix} & (\mathfrak{r}_1) & (\mathfrak{r}_2) & \cdots \\ (\mathfrak{K}) & (\mathfrak{K}\,\mathfrak{r}_1) & (\mathfrak{K}\,\mathfrak{r}_2) & \cdots \end{matrix}\right\} \qquad (23)$$

Jede Komponente z irgendeines der Vektoren $\mathfrak{K}\mathfrak{r}_i$ ist dann einfach gleich dem skalaren (inneren) Produkt aus der links neben z stehenden Zeile von $\mathfrak{K}$ und dem darüber stehenden Spaltenvektor $\mathfrak{r}_i$. Steht eine Rechenmaschine zur Verfügung, so läßt man diese skalaren Produkte im Ergebniswerk auflaufen, und zwar ohne Ablesen und Niederschreiben der Teilprodukte[2]).

Nun hat der Anfangsvektor $\mathfrak{y}_0$ in (16) stets die Form

$$\mathfrak{y}_0 = A \cdot \mathfrak{r}_1 + B \cdot \mathfrak{r}_2 + 1 \cdot \mathfrak{r}_3, \qquad (24)$$

[1] Diese ausmultiplizierte Form benutzen z. B. *E. Pestel*, Abh. Braunschweig. Wiss. Ges. 6 (1954), S. 227 und *Unger-Schäfer*, Hausmitteilungen der Remington-Rand-GmbH. Frankfurt/Main, Heft 159, Januar 1954.

[2] Einzelheiten dazu bei *R. Zurmühl*, Matrizen, S. 256, Berlin, Göttingen, Heidelberg 1950.

wo A und B die freien Konstanten nach Tabelle 2 sind. Ziehen wir diese Konstanten nach oben heraus und lassen noch sämtliche Pluszeichen zwischen den $\mathfrak{x}_i$ und ihren Produktvektoren $\mathfrak{L}_1 \mathfrak{x}_i$ usw. fort, so hat das gesamte Rechenschema das folgende Aussehen:

$$\left.\begin{array}{cccccl} & A & B & 1 & & \\ & (\mathfrak{x}_1) & (\mathfrak{x}_2) & (\mathfrak{x}_3) & & \to \mathfrak{y}_0 \\ (\mathfrak{L}_1) & (\downarrow) & (\downarrow) & (\downarrow) & \curvearrowright & \to \mathfrak{y}_1 \\ (\mathfrak{L}_2) & (\downarrow) & (\downarrow) & (\downarrow) & \curvearrowright & \to \mathfrak{y}_2 \\ \cdots & \cdots & \cdots & \cdots & \cdots & \cdots \\ (\mathfrak{L}_n) & (\downarrow) & (\downarrow) & (\downarrow) & \curvearrowright & \to \mathfrak{y}_n . \end{array}\right\} \qquad (25)$$

Als erstes werden die Vektoren $\mathfrak{x}_1, \mathfrak{x}_2, \mathfrak{x}_3$ unabhängig voneinander in drei senkrechten Kolonnen der Reihe nach mit den Leitmatrizen $\mathfrak{L}_1 \ldots \mathfrak{L}_n$ multipliziert (senkrechte Pfeile), wobei die Federkonstanten c_i und C_i (gebogene Pfeile) nebenher mit eingeflochten werden. Rechts unten neben $\mathfrak{L}_n$ erscheint dann schließlich der Vektor $\mathfrak{y}_n$, noch zerlegt in seine drei Anteile. Nun bestimmt man aus den Randbedingungen am rechten Balkenende die Konstanten A und B, multipliziert mit ihnen die ersten beiden Kolonnen und addiert diese nach (24) zur dritten (waagerechte Pfeile), womit dann alle Kraft- und Deformationsgrößen zahlen- und dimensionsrichtig in Form der Vektoren $\mathfrak{y}_0, \mathfrak{y}_1, \ldots, \mathfrak{y}_n$ gegeben sind. Jeder der überhaupt benötigten, aus den Kenngrößen des Trägers und seiner Belastung gebildeten Funktionswerte (3) und (4) erscheint in dem Schema (25) nur ein einziges Mal an genau vorgeschriebener Stelle, wodurch das Mindestmaß an Schreib- und Rechenarbeit gewährleistet ist. Auch das Vorhandensein von Zwischenbedingungen beeinträchtigt die Geschlossenheit dieser übersichtlichen Anordnung kaum. Der Vollständigkeit halber bemerken wir noch, daß die ersten beiden Kolonnen allein von den Längen, Biegesteifigkeiten und Federkonstanten des Trägers abhängen, während die dritte Kolonne außerdem eine Funktion der gegebenen Belastung ist. Oder mathematisch gesprochen: die beiden ersten Kolonnen stellen zwei linear unabhängige Lösungen der homogenen, die dritte dagegen eine Partikularlösung der inhomogenen Differentialgleichung (1) dar.

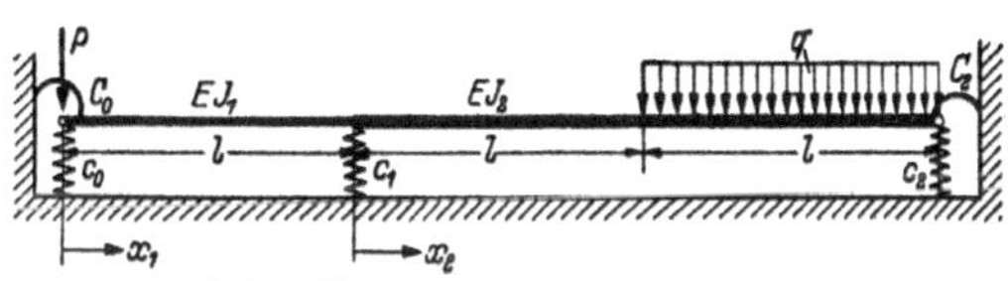

Abb. 7. Elastisch gestützter Träger mit zwei Feldern.

Die ganze Rechnung wird mit Hilfe der üblichen Summenproben dauernd überwacht. Eine weitere Kontrollmöglichkeit bietet die aus irgend zwei linear unabhängigen (und mechanisch verträglichen) Lösungsvektoren der homogenen Gleichung (1) gebildete bilineare Kovariante B_{12}, die, wie *H. Schaefer*[1] gezeigt hat, an jeder Stelle des Trägers, also auch an den Feldgrenzen, den konstanten Wert Null hat:

$$\left.\begin{aligned} B_{12} &= \underbrace{w_1 Q_2 - w_2 Q_1}_{} + \underbrace{\varphi_1 M_2 - \varphi_2 M_1}_{} = 0 , \\ &= \quad \Delta_{14} \quad + \quad \Delta_{23} \quad = 0 . \end{aligned}\right\} \qquad (26)$$

Greift man daher aus den ersten beiden Kolonnen des Schemas (25) irgend zwei nebeneinander stehende Vektoren heraus, so muß die Summe der beiden aus den Zeilen 1 und 4 bzw. 2 und 3 bestehenden zweireihigen Determinanten verschwinden. Und schließlich — eine letzte Kontrolle — überzeugt man sich nach beendeter Rechnung, ob das aus der gegebenenBelastung und den nun bekannten Reaktionen bestehende Kräftesystem im Gleichgewicht ist, wie es sein muß.

10. Beispiele. An drei einfachen, leicht nachzurechnenden Beispielen führen wir nun das Verfahren praktisch vor.

Erstes Beispiel. Für den elastisch gestützten Balken der Abb. 7 sind Querkraft- und Momentenverlauf zu ermitteln. Gegebene Werte:

$$l_1 = 1\ \mathrm{m}, \quad EJ_1 = \frac{50}{3}\ \mathrm{t\,m^2}, \quad c_0 = 20\ \mathrm{t/m}, \quad C_0 = 10\ \mathrm{t\,m}, \quad P = 0{,}5\ \mathrm{t},$$

$$l_2 = 2\ \mathrm{m}, \quad EJ_2 = \frac{200}{3}\ \mathrm{t\,m^2}, \quad c_1 = 100\ \mathrm{t/m}, \quad C_1 = 0, \qquad q = 16\ \mathrm{t/m},$$

$$c_2 = 50\ \mathrm{t/m}, \quad C_2 = 50\ \mathrm{tm}.$$

[1] *H. Schaefer*, a. a. O.

Rechnen wir mit der hundertfachen Belastung und wählen als Vergleichsgrößen $l^* = 1$ m und $P^* = 100$ t, so wird

$$\left.\begin{aligned} &l_1 = l^*, \quad EJ_1 = \frac{1}{6} P^* l^{*2}, \; c_0 = 0{,}2\, P^*/l^*, \; C_0 = 0{,}1\, P^* l^*, \; 100\, P = 0{,}5\, P^*, \\ &l_2 = 2\, l^*, \; EJ_2 = \frac{2}{3} P^* l^{*2}, \; c_1 = 1{,}0\, P^*/l^*, \; C_1 = 0, \qquad 100\, q = 16\, P^*/l^*, \\ &\qquad\qquad c_2 = 0{,}5\, P^*/l^*, \; C_2 = 0{,}5\, P^* l^*. \end{aligned}\right\} \tag{1a}$$

Von jetzt ab benutzen wir nur noch die reinen Zahlenwerte, setzen also $l_1 = 1$, $EJ_2 = 2/3$, $C_2 = 0{,}5$ usw. Damit lassen sich nach (9) und Tabelle 1 die Leitmatrizen $\mathfrak{L}_1$ und $\mathfrak{L}_2$ mitsamt ihren (klein gedruckten) Zeilensummen leicht hinschreiben. Zum Beispiel ist das zweite Element $\tilde{\varphi}_2(l_2)$ in der fünften Spalte von $\mathfrak{L}_2$ nach Tabelle 1, Spalte 3:

$$\tilde{\varphi}_2(l_2) = -\frac{q\, l^3}{6\, EJ_2} = -\frac{16\, P^*/l^* \cdot l^3}{6 \cdot 2\, P^*\, l^{*2}/3} = -4\,.$$

Der Anfangsvektor $\mathfrak{y}_0$ ist hier

$$\mathfrak{y}_0 \equiv \begin{pmatrix} w_0 \\ \varphi_0 \\ M_0 \\ Q_0 \\ 1 \end{pmatrix} = \begin{pmatrix} w_0 \\ \varphi_0 \\ -C_0 \varphi_0 \\ -c_0 w_0 + P \\ 1 \end{pmatrix} = \begin{pmatrix} 1 \\ 0 \\ 0 \\ -0{,}2 \\ 0 \end{pmatrix} \cdot w_0 + \begin{pmatrix} 0 \\ 1 \\ -0{,}1 \\ 0 \\ 0 \end{pmatrix} \cdot \varphi_0 + \begin{pmatrix} 0 \\ 0 \\ 0 \\ 0{,}5 \\ 1 \end{pmatrix} \cdot 1 = w_0 \mathfrak{r}_1 + \varphi_0 \mathfrak{r}_2 + \mathfrak{r}_3 \tag{1b}$$

mit den beiden freien Konstanten w_0 und φ_0 (Tabelle 2, Spalte IV). Die Pluszeichen lassen wir der Einfachheit halber fort und multiplizieren die drei Vektoren $\mathfrak{r}_1, \mathfrak{r}_2, \mathfrak{r}_3$ nacheinander mit der Leitmatrix $\mathfrak{L}_1$ (siehe Zahlenschema). Z. B. wird das aus der ersten Zeile von $\mathfrak{L}_1$ und dem Vektor $\mathfrak{r}_1$ gebildete skalare Produkt: $1 \cdot 1 - 1 \cdot 0 + 3 \cdot 0 + 1 \cdot (-0{,}2) + 0 \cdot 0 = 0{,}8$. Die Summenproben sind gut, auch die bilineare Kovariante ist nach (26) gleich Null

$$B_{12} = \Delta_{14} + \Delta_{23} = (0{,}8 \cdot 0 - 0{,}2 \cdot 1{,}3) + (-0{,}6 \cdot 0 + 0{,}2 \cdot 1{,}6) = 0\,.$$

Beim Übergang vom ersten ins zweite Feld wird nach (10) w_1 mit $-c_1$ mulitpliziert und zu Q_1 addiert, was der mit $-c_1 = -1$ bezifferte Pfeil andeutet. Da die Drehfeder fehlt, ist $C_1 = 0$. Damit sind Kraft- und Deformationsgrößen an der Stelle $x_2 = 0$ unmittelbar rechts von der Feldgrenze als Komponenten des Vektors $\mathfrak{y}_1$ bekannt.

Jetzt bilden wir das Produkt $\mathfrak{L}_2\, \mathfrak{y}_1$ (z. B. wird die zweite Komponente in der dritten Kolonne: $0 \cdot 0{,}5 + 1 \cdot (-1{,}5) + (-3) \cdot (0{,}5) + (-3) \cdot 0 + (-4) \cdot 1 = -7$) und addieren die mit $-c_2 = -0{,}5$ ($-C_2 = -0{,}5$) multiplizierte erste (zweite) Zeile zur vierten (dritten), womit auch $\mathfrak{y}_2$ ermittelt ist, natürlich immer noch, wie auch $\mathfrak{y}_0$ und $\mathfrak{y}_1$ in seine drei Anteile aufgespalten.

Die Randbedingungen am rechten Balkenende lauten $M_3 = 0$, $Q_3 = 0$ (Tabelle 2), das sind, noch einmal ausführlich hingeschrieben, die beiden im Zahlenschema eingerahmten Gleichungen

$$\left.\begin{aligned} -4{,}3\, w_0 + 3{,}5\, \varphi_0 + 12 &= 0\,, \\ 0{,}5\, w_0 + 2{,}4\, \varphi_0 + 13 &= 0 \end{aligned}\right\} \tag{1c}$$

mit den Lösungen

$$w_0 = -\frac{16{,}7}{12{,}07} = -1{,}3836\,, \quad \varphi_0 = -\frac{61{,}9}{12{,}07} = -5{,}1284\,. \tag{1d}$$

Nun multiplizieren wir die erste Kolonne mit w_0, die zweite mit φ_0, addieren darauf beide zur dritten und ziehen die Summen nach rechts heraus (waagerechte Pfeile). So wird etwa die Querkraft Q_1 als vierte Komponente von $\mathfrak{y}_1$:

$$Q_1 = -1 \cdot w_0 + 1{,}3\, \varphi_0 + 0 = -1 \cdot (-1{,}3836) + 1{,}3 \cdot (-5{,}1284) = -5{,}2833\,.$$

Damit sind die Vektoren $\mathfrak{y}_0$, $\mathfrak{y}_1$ und $\mathfrak{y}_2$ berechnet. Ihre Komponenten sind der Reihe nach mit l^*, 1, $P^* l^*$, P^* und 1 zu multiplizieren und außerdem durch 100 zu dividieren, da wir ja von der hundertfachen Belastung ausgegangen waren. Die Dimensionen der Deformations- und Kraftgrößen sind demnach für

Verschiebungen: $l^*/100 = 1$ cm, Drehwinkel: $1/100 = 0{,}01$,
Biegemomente: $P^* l^*/100 = 1$ t m, Querkräfte: $P^*/100 = 1$ t,

Zahlenschema zum Beispiel 1

$$
\begin{array}{ccc} w_0 & \varphi_0 & 1 \end{array}
$$

$$
\begin{pmatrix} 1 & 0 & 0 \\ 0 & 1 & 0 \\ 0 & -0{,}1 & 0 \\ -0{,}2 & 0 & 0{,}5 \\ 0 & 0 & 1 \end{pmatrix} \rightarrow \begin{pmatrix} -1{,}3836 \\ -5{,}1248 \\ 0{,}5125 \\ 0{,}7767 \\ 1 \end{pmatrix} = \mathfrak{y}_0
$$

$$
\mathfrak{L}_1 \begin{pmatrix} 1 & -1 & 3 & 1 & 0 \\ 0 & 1 & -6 & -3 & 0 \\ 0 & 0 & 1 & 1 & 0 \\ 0 & 0 & 0 & 1 & 0 \\ 0 & 0 & 0 & 0 & 1 \end{pmatrix} \begin{pmatrix} 0{,}8 & -1{,}3 & 0{,}5 \\ 0{,}6 & 1{,}6 & -1{,}5 \\ -0{,}2 & -0{,}1 & 0{,}5 \\ -0{,}2-0{,}8 & 0+1{,}3 & 0{,}5-0{,}5 \\ 0 \quad c_1 & 0 & 1 \end{pmatrix} -1 \rightarrow \begin{pmatrix} 6{,}0601 \\ -10{,}5356 \\ 1{,}2896 \\ -5{,}2833 \\ 1 \end{pmatrix} = \mathfrak{y}_1
$$

$$
\begin{array}{ccccc|ccc} 1 & 0 & -2 & 0 & 1 & 1 & 0{,}2 & 1 \end{array}
$$

$$
\mathfrak{L}_2 \begin{pmatrix} 1 & -2 & 3 & 2 & 1 \\ 0 & 1 & -3 & -3 & -4 \\ 0 & 0 & 1 & 2 & 8 \\ 0 & 0 & 0 & 1 & 16 \\ 0 & 0 & 0 & 0 & 1 \end{pmatrix} \begin{pmatrix} -3 & -2{,}2 & 6 \\ 4{,}2 & -2 & -7 \\ \boxed{-2{,}2-2{,}1} & \boxed{2{,}5+1} & \boxed{8{,}5+3{,}5} \\ \boxed{-1+1{,}5} & \boxed{1{,}3+1{,}1} & \boxed{16-3} \\ 0 & 0 & 1 \end{pmatrix} -0{,}5 \quad -0{,}5 \rightarrow \begin{pmatrix} 21{,}4333 \\ -2{,}5543 \\ 0{,}0000 \\ 0{,}0000 \\ 1 \end{pmatrix} = \mathfrak{y}_2
$$

$$
\begin{array}{ccccc|ccc} 1 & -1 & 1 & 2 & 22 & -2 & -0{,}4 & 24{,}5 \end{array}
$$

also z. B. unmittelbar rechts von der mittleren Stütze ($x_2 = 0$):

$$w_1 = 6{,}0601\ \text{cm},$$
$$\varphi_1 = -0{,}105356$$
$$(= -6{,}04^\circ),$$
$$M_1 = 1{,}2896\ \text{t m},$$
$$Q_1 = -5{,}2833\ \text{t}.$$

Mit den Verschiebungen und Drehwinkeln sind jetzt nach (10) auch die Federreaktionen bekannt, die zusammen mit der gegebenen Belastung im Gleichgewicht sind, wovon man sich leicht überzeugt (Abb. 8). Querkraft- und Momentenverlauf sind nun mühelos einzuzeichnen (Abb. 9 und 10), auch die Biegelinie läßt sich mit Hilfe der drei berechneten Verschiebungen und Drehwinkel hinreichend genau skizzieren (Abb. 8), wenn man sie nicht nach Gleichung (2), erste Zeile, exakt berechnen will.

Abb. 8.

Abb. 9.

Abb. 10.

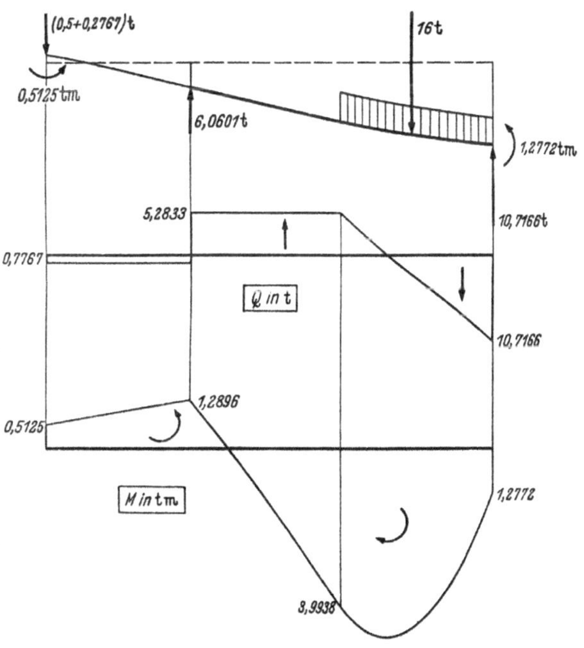

Abb. 8. Biegelinie und Gleichgewichtssystem am Träger der Abb. 7.
Abb. 9. Querkraftverlauf für den Träger der Abb. 7.
Abb. 10. Momentenverlauf für den Träger der Abb. 7.

Zweites Beispiel. Für den mit drei Einzelkräften besetzten Träger der Abb. 11 ist die Einflußmatrix zu berechnen. Die elastische Stütze c_2 soll erst nachträglich eingebaut werden.

Gegebene Werte:

$$\begin{aligned}
&l_1 = l, \quad EJ_1 = 2\,EJ, \quad c_0 = 0, \quad c_1 = 12\,EJ/l^3, \quad c_2 \text{ beliebig}, \quad c_3 = 0\,,\\
&l_2 = l, \quad EJ_2 = 2\,EJ, \quad C_0 = 0, \quad C_1 = 12\,EJ/l, \quad C_2 = 0, \quad C_3 = 0\,,\\
&l_3 = l/2, \quad EJ_3 = EJ.
\end{aligned}$$

Als Vergleichsgrößen wählen wir $l^* = l$ und $P^* = 12\,EJ/l^2$ und berechnen nach (9) die drei Leitmatrizen; z. B. wird das vierte Element der ersten Zeile von $\mathfrak{L}_3$

$$\frac{l_3^3}{6\,EJ_3} = \frac{(l/2)^3}{6\,EJ} = \frac{l^3}{48}\,\frac{1}{EJ} = \frac{l^{*3}}{48}\,\frac{12}{P^* l^{*2}} = 0{,}25\,\frac{l^*}{P^*}\,.$$

Die Größen l^* und P^* lassen wir im Folgenden wieder fort, schreiben also einfach 0,25. Da die Kräfte P_1, P_2, P_3 an den Feldgrenzen selbst angreifen, ist in Tabelle 1, Spalte 1, $a = 0$ zu setzen.

Der Anfangsvektor ist wegen $w_0 = 0$, $M_0 = 0$ (Tabelle 2)

$$\mathfrak{y}_0 \equiv \begin{pmatrix} w_0\\ \varphi_0\\ M_0\\ Q_0\\ 1\end{pmatrix} = \begin{pmatrix} 0\\ \varphi_0\\ 0\\ Q_0\\ 1\end{pmatrix} = \varphi_0 \begin{pmatrix} 0\\ 1\\ 0\\ 0\\ 0\end{pmatrix} + Q_0 \begin{pmatrix} 0\\ 0\\ 0\\ 1\\ 0\end{pmatrix} + \begin{pmatrix} 0\\ 0\\ 0\\ 0\\ 1\end{pmatrix} = \varphi_0 \mathfrak{r}_1 + Q_0 \mathfrak{r}_2 + \mathfrak{r}_3\,;$$

seine drei Anteile $\mathfrak{r}_1$, $\mathfrak{r}_2$ und $\mathfrak{r}_3$ werden kolonnenweise mit den Leitmatrizen multipliziert, ferner sind beim Übergang vom ersten ins zweite Feld die beiden Federkonstanten c_1 und C_1 zu berücksichtigen. (Die in der Abb. 11 gestrichelt eingezeichnete Feder c_2 lassen wir vorläufig fort.) Die beiden im Schema eingerahmten Randbedingungen lauten ausführlich

$$\left.\begin{aligned}
M_3 &= 0{,}5\,\varphi_0 + 4\,Q_0 + 1{,}5\,P_1 + 0{,}5\,P_2 &&= 0\,,\\
Q_3 &= \quad\ \varphi_0 \qquad\qquad + \quad P_1 + \qquad P_2 + P_3 &&= 0\,.
\end{aligned}\right\} \tag{2a}$$

Zahlenschema zum Beispiel 2

$$\begin{array}{ccc} \varphi_0 & Q_0 & 1 \end{array}$$

$$\begin{pmatrix} 0 & 0 & 0\\ 1 & 0 & 0\\ 0 & 0 & 0\\ 0 & 1 & 0\\ 0 & 0 & 1 \end{pmatrix} \rightarrow \begin{pmatrix} 0\\ \cdots\\ \cdots\\ \cdots\\ 1 \end{pmatrix} = \mathfrak{y}_0$$

$$\mathfrak{L}_1 \begin{pmatrix} 1 & -1 & 3 & 1 & 0\\ 0 & 1 & -6 & -3 & 0\\ 0 & 0 & 1 & 1 & 0\\ 0 & 0 & 0 & 1 & P_1\\ 0 & 0 & 0 & 0 & 1 \end{pmatrix} \begin{pmatrix} -1 & 1 & 0\\ 1 & -3 & 0\\ 0-1 & 1+3 & 0\\ 0+1 & 1-1 & P_1\\ 0 & 0 & 1 \end{pmatrix} \begin{matrix} \\ \\ -1 \quad -1\\ \\ \\ \end{matrix} \rightarrow \begin{pmatrix} 0{,}75\,P_1 + P_2 + 1{,}125\,P_3\\ \cdots\\ \cdots\\ \cdots\\ 1 \end{pmatrix} = \mathfrak{y}_1$$

$$\mathfrak{L}_2 \begin{pmatrix} 1 & -1 & 3 & 1 & 0\\ 0 & 1 & -6 & -3 & 0\\ 0 & 0 & 1 & 1 & 0\\ 0 & 0 & 0 & 1 & P_2\\ 0 & 0 & 0 & 0 & 1 \end{pmatrix} \begin{pmatrix} -4 & 16 & P_1\\ 4 & -27 & -3\,P_1\\ 0 & 4 & P_1\\ 1 & 0 & P_1 + P_2\\ 0 & 0 & 1 \end{pmatrix} \rightarrow \begin{pmatrix} P_1 + 4\,P_2 + 6\,P_3\\ \cdots\\ \cdots\\ \cdots\\ 1 \end{pmatrix} = \mathfrak{y}_2$$

$$\mathfrak{L}_3 \begin{pmatrix} 1 & -0{,}5 & 1{,}5 & 0{,}25 & 0\\ 0 & 1 & -6 & -1{,}5 & 0\\ 0 & 0 & 1 & 0{,}5 & 0\\ 0 & 0 & 0 & 1 & P_3\\ 0 & 0 & 0 & 0 & 1 \end{pmatrix} \begin{pmatrix} -5{,}75 & 35{,}5 & 4{,}25\,P_1 + 0{,}25\,P_2\\ 2{,}5 & -51 & -10{,}5\,P_1 - 1{,}5\,P_2\\ \boxed{0{,}5} & \boxed{4} & \boxed{1{,}5\,P_1 + 0{,}5\,P_2}\\ \boxed{1} & \boxed{0} & \boxed{P_1 + P_2 + P_3}\\ 0 & 0 & 1 \end{pmatrix} \rightarrow \begin{pmatrix} 1{,}125\,P_1 + 6\,P_2 + 10{,}1875\,P_3\\ \cdots\\ \cdots\\ \cdots\\ 1 \end{pmatrix} = \mathfrak{y}_3$$

Ihre Lösungen sind

$$\varphi_0 = -(P_1 + P_2 + P_3), \quad Q_0 = -0{,}25\, P_1 + 0{,}125\, P_3 . \tag{2b}$$

Da lediglich die Einflußmatrix gesucht ist, brauchen wir auch nur die Verschiebungen w_i als erste Komponenten der Vektoren $\mathfrak{y}_i$ zu berechnen, z. B. wird

$$w_2 = -4\varphi_0 + 16\,Q_0 + P_1 = 4\,(P_1 + P_2 + P_3) + 2\,(-2\,P_1 + P_3) + P_1 = P_1 + 4\,P_2 + 6\,P_3 .$$

Damit haben wir die lineare homogene Beziehung zwischen den Verschiebungen und Kräften in der Form

$$\begin{pmatrix} w_1 \\ w_2 \\ w_3 \end{pmatrix} = \begin{pmatrix} 0{,}75 & 1 & 1{,}125 \\ 1 & 4 & 6 \\ 1{,}125 & 6 & 10{,}1875 \end{pmatrix} \cdot \begin{pmatrix} P_1 \\ P_2 \\ P_3 \end{pmatrix}, \tag{2c}$$

kurz $\mathfrak{w} = \mathfrak{A}\,\mathfrak{p}$.

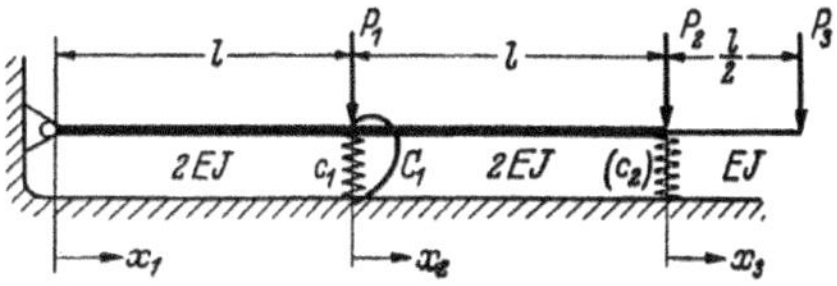

Abb. 11. Träger mit zwei, bzw. drei Feldern, teils starr, teils elastisch gestützt.

Die Einflußmatrix $\mathfrak{A}$ ist symmetrisch, wie nach dem Satz von *Betti-Maxwell* zu erwarten war.

Nun werde nachträglich die Feder $c_2 = \beta\, P/l$ angebracht. Ihre Reaktionskraft sei F_2, also hat man jetzt P_2 zu ersetzen durch $P_2 + F_2 = P_2 - \beta\, w_2 = P_2 - \beta \cdot (-4\,\varphi_0 + 16\,Q_0 + P_1)$. Dies in (2a) eingeführt ergibt die neuen Randbedingungen

$$\left.\begin{aligned} M_3 &= 0{,}5\,\varphi_0 + 4\,Q_0 + 1{,}5\,P_1 + 0{,}5 \cdot [P_2 - \beta\,(-4\,\varphi_0 + 16\,Q_0 + P_1)] &= 0, \\ Q_3 &= \varphi_0 + P_1 + [P_2 - \beta\,(-4\,\varphi_0 + 16\,Q_0 + P_1)] + P_3 &= 0 \end{aligned}\right\} \tag{2d}$$

mit den Lösungen

$$-(1 + 4\,\beta)\,\varphi_0 = (1 + 3\,\beta)\,P_1 + P_2 + (1 - 2\,\beta)\,P_3 \quad \text{und} \quad -8\,Q_0 = 2\,P_1 - P_2 . \tag{2e}$$

Nach einiger Rechnung bekommen wir damit die Einflußmatrix

$$\mathfrak{A}^* = (\mathfrak{A} + \beta\,\mathfrak{B})/(1 + 4\,\beta), \qquad \mathfrak{B} = \begin{pmatrix} 2 & 0 & -3/2 \\ 0 & 0 & 0 \\ -3/2 & 0 & 19/4 \end{pmatrix}. \tag{2f}$$

Für $\beta = 0$ (fehlende Feder) geht $\mathfrak{A}^*$ in $\mathfrak{A}$, für $\beta \to \infty$ (festes Gelenk) in $\mathfrak{B}/4$ über.

Drittes Beispiel. Für das symmetrische Tragwerk der Abb. 12 sind Querkraft- und Momentenverlauf infolge einer bleibenden Senkung der Mittelstütze zu berechnen. Gegebene Werte: $l = 1{,}60$ m, $EJ = 40$ t m², $C = 100$ t m.

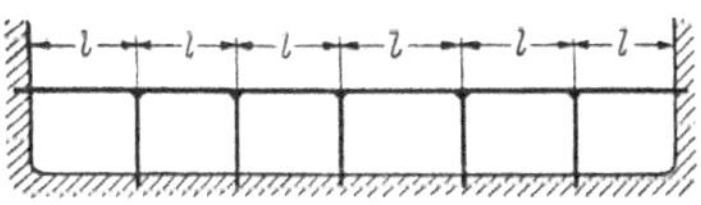

Abb. 12. Homogenes symmetrisches Tragwerk mit sechs Feldern.

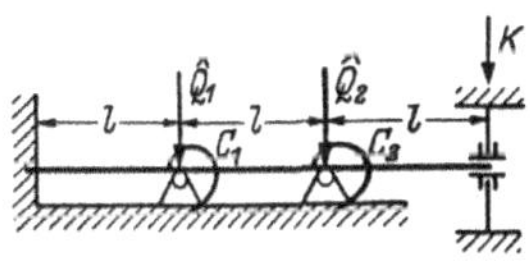

Abb. 13. Linke Hälfte des Tragwerkes der Abb. 12, schematisch dargestellt.

Die Drehfederkonstanten (Drehsteifigkeiten) C sind aus den Längen und Biegesteifigkeiten der Pfosten nach bekannten Formeln leicht zu berechnen, wir nehmen sie deshalb der Einfachheit halber als gegeben an. Da die Knoten unverschieblich sind und aus Symmetriegründen in der Mitte des Trägers Neigung (Drehwinkel) und Querkraft verschwinden müssen, können wir uns auf den dreifeldrigen Balken der Abb. 13 beschränken. Mit den Vergleichsgrößen $l^* = l$ und $P^* = 2\,E\,J/l^2$ wird nun

$$l = l^*, \quad EJ = P^*\,l^{*2}/2, \quad C = 2\,P^*\,l^*, \quad \text{oder kurz } l = 1, \quad EJ = 1/2, \quad C = 2,$$

womit sich die Leitmatrizen nach (9) leicht hinschreiben lassem, sie stimmen natürlich in ihren ersten vier Spalten überein.

Infolge der Bedingungen $w_1 = w_2 = 0$, $w_3 = d = \text{const}$ können wir nach dem abgekürzten Verfahren rechnen; die Sprunggrößen $\hat{Q}_1$ und $\hat{Q}_2$ (hier Auflagerkräfte, Abb. 13) ersetzen wir in den Leitmatrizen $\mathfrak{L}_1$ und $\mathfrak{L}_2$ (nach Tabelle 1 mit $a = 0$) durch einen *, zum Zeichen dafür, daß wir auf ihre Berechnung vorerst keinen Wert legen. Erklären wir das Moment M_0 zur Hauptkonstante und zerlegen die Nebenkonstante Q_0 (Tabelle 2, Spalte 1) nach (18) in der Form

$Q_0 = a_0 \cdot M_0 + b_0 \cdot 1$, so wird der Anfangsvektor

$$\mathfrak{y}_0 \equiv \begin{pmatrix} w_0 \\ \varphi_0 \\ M_0 \\ Q_0 \\ 1 \end{pmatrix} = \begin{pmatrix} 0 \\ 0 \\ M_0 \\ a_0 M_0 + b_0 \\ 1 \end{pmatrix} = \begin{pmatrix} 0 \\ 0 \\ 1 \\ a_0 \\ 0 \end{pmatrix} \cdot M_0 + \begin{pmatrix} 0 \\ 0 \\ 0 \\ b_0 \\ 1 \end{pmatrix} \cdot 1 = M_0 \mathfrak{r}_1 + \mathfrak{r}_3 . \tag{3a}$$

Zahlenschema zum Beispiel 3

$$\begin{array}{cc} M_0 & 1 \end{array}$$

$$\begin{pmatrix} 0 & 0 \\ 0 & 0 \\ 1 & 0 \\ -3 \cdots\cdots & 0 \\ 0 & 1 \end{pmatrix} \rightarrow \begin{pmatrix} 0 \\ 1 \\ 1 \\ -3 \\ \cdots \end{pmatrix} \frac{3\,\delta}{35} = \mathfrak{y}_0$$

$$\mathfrak{L}_1 \begin{pmatrix} 1 & -1 & 1 & 1/3 & 0 \\ 0 & 1 & -2 & -1 & 0 \\ 0 & 0 & 1 & 1 & 0 \\ 0 & 0 & 0 & 1 & * \\ 0 & 0 & 0 & 0 & 0 \end{pmatrix} \begin{pmatrix} 0 & 0 \\ 1 & 0 \\ -2-2 & 0 \\ 15 \cdots\cdots & 0 \\ 0 & 1 \end{pmatrix} \text{Bedingung! } \circlearrowleft -2 \rightarrow \begin{pmatrix} 0 \\ 1 \\ -4 \\ 15 \\ \cdots \end{pmatrix} \frac{3\,\delta}{35} = \mathfrak{y}_1$$

$$\mathfrak{L}_2 \begin{pmatrix} 1 & -1 & 1 & 1/3 & 0 \\ 0 & 1 & -2 & -1 & 0 \\ 0 & 0 & 1 & 1 & 0 \\ 0 & 0 & 0 & 1 & * \\ 0 & 0 & 0 & 0 & 1 \end{pmatrix} \begin{pmatrix} 0 & 0 \\ -6 & 0 \\ 11+12 & 0 \\ -87 \cdots\cdots & 3\,\delta \\ 0 & 1 \end{pmatrix} \text{Bedingung! } \circlearrowleft -2 \rightarrow \begin{pmatrix} 0 \\ -6 \\ 23 \\ -52 \\ \cdots \end{pmatrix} \frac{3\,\delta}{35} = \mathfrak{y}_2$$

$$\mathfrak{L}_3 \begin{pmatrix} 1 & -1 & 1 & 1/3 & 0 \\ 0 & 1 & -2 & -1 & 0 \\ 0 & 0 & 1 & 1 & 0 \\ 0 & 0 & 0 & 1 & K \\ 0 & 0 & 0 & 0 & 1 \end{pmatrix} \begin{pmatrix} 0 & \delta \\ \boxed{35 \quad -3\,\delta} \\ -64 & 3\,\delta \\ \boxed{-87 \quad 3\,\delta+K} \\ 0 & 1 \end{pmatrix} \text{Bedingung! } \circlearrowleft -\!- \rightarrow \begin{pmatrix} 35/3 \\ 0 \\ -29 \\ 0 \\ \cdots \end{pmatrix} \frac{3\,\delta}{35} = \mathfrak{y}_3$$

Die vierte Komponente des Vektors $\mathfrak{y}_0$ (die Querkraft Q_0) ist also zunächst unbekannt (im Zahlenschema durch eine Punktreihe angedeutet), wird aber sogleich nach (19) aus der Bedingung $w_1 = 0 \cdot M_0 + 0 \cdot 1 = 0$ errechnet, und zwar gibt die erste Zeile von $\mathfrak{L}_1$ mit $\mathfrak{r}_1$ und $\mathfrak{r}_3$ multipliziert

$$\left. \begin{array}{ll} \text{Faktor bei } M_0\text{:} & 1 \cdot 0 - 1 \cdot 0 + 1 \cdot 1 + 1/3 \cdot a_0 + 0 \cdot 0 = 0 \rightarrow a_0 = -3\,, \\ \text{Faktor bei } 1\text{:} & 1 \cdot 0 - 1 \cdot 0 + 1 \cdot 0 + 1/3 \cdot b_0 + 0 \cdot 1 = 0 \rightarrow b_0 = 0\,. \end{array} \right\} \tag{3b}$$

Mit dem jetzt bekannten Vektor $\mathfrak{y}_0$ rechnen wir weiter wie sonst. Die vierte Komponente von $\mathfrak{y}_1$ läßt sich wiederum wegen des * aus $\mathfrak{L}_1$ selbst nicht ermitteln (Punktreihe im Schema), wohl aber aus der Zwischenbedingung $w_2 = 0 \cdot M_0 + 0 \cdot 1 = 0$, und zwar wird nach leichter Rechnung $a_1 = 15$, $b_1 = 0$. Auch beim nächsten Schritt bleibt die vierte Zeile vorläufig offen, aus der Bedingung der bleibenden Stützensenkung

$$w_3 = 0 \cdot M_0 + \delta \cdot 1 = \delta \quad \text{mit} \quad \delta = d/l^*$$

folgt aber sofort

$$\begin{array}{l} 1 \cdot 0 - 1 \cdot (-6) + 1 \cdot (23) + 1/3 \cdot a_2 + 0 \cdot 0 = 0 \rightarrow a_2 = -87\,, \\ 1 \cdot 0 - 1 \cdot 0 + 1 \cdot 0 + 1/3 \cdot b_2 + 0 \cdot 1 = \delta \rightarrow b_2 = 3\,\delta\,. \end{array}$$

Der letzte Rechenschritt verläuft wieder ganz normal. Die Multiplikation mit $-C = -2$ ersparen wir uns hier, da ja ohnehin $\varphi_3 = 0$ gemacht wird. Aus den im Schema eingerahmten Randbedingungen entnimmt man nun die Konstante M_0 und die Auflagerkraft K am rechten Ende:

$$\varphi_2 = \quad 35\, M_0 - 3\,\delta \qquad = 0 \rightarrow M_0 = \quad 3\,\delta/35,$$
$$Q_3 = -87\, M_0 + 3\,\delta + K = 0 \rightarrow K \ = 156\,\delta/35.$$

Die erste Kolonne mit M_0 multipliziert und zur zweiten addiert ergibt die gesuchten Vektoren $\mathfrak{y}_0 \cdots \mathfrak{y}_3$. Deren vierte Komponenten — das sind die Querkräfte unmittelbar rechts von den Feldgrenzen — zeichnen wir in Abb. 14 ein und gewinnen daraus die Auflagerkräfte; auch die Reaktionsmomente $-C\varphi_i$ sind nun mit den Drehwinkeln zugleich bekannt. Das gesamte am Balken der Abb. 13 angreifende Kräftesystem ist nach Abb. 15 im Gleichgewicht, was als Schlußkontrolle dient.

Die maximalen Schnittgrößen treten wie vorauszusehen über der Mittelstütze III auf, und zwar wird für einen Zentimeter Durchsenkung wegen

$$\delta = \frac{d}{l^*} = \frac{0{,}01\ \mathrm{m}}{1{,}60\ \mathrm{m}} = \frac{1}{160}, \quad P^* = \frac{C}{2\,l} = \frac{100\ \mathrm{t\,m}}{2 \cdot 1{,}60\ \mathrm{m}} = \frac{100}{3{,}2}\ \mathrm{t}$$

mit den aus Abb. 14 und 16 abzulesenden Höchstwerten:

$$\left.\begin{aligned} Q_{max} &= 52 \cdot \frac{3\,\delta}{35}\, P^* &&= \frac{52 \cdot 3 \cdot 100}{35 \cdot 160 \cdot 3{,}2}\ \mathrm{t} &&= 0{,}871\ \mathrm{t} \\ M_{max} &= 29 \cdot \frac{3\,\delta}{35}\, P^*\, l^* &&= \frac{29 \cdot 3 \cdot 100 \cdot 1{,}6}{35 \cdot 160 \cdot 3{,}2}\ \mathrm{t\,m} &&= 0{,}777\ \mathrm{t\,m} \end{aligned}\right\}\ \text{je cm Durchsenkung.}$$

Zum Schluß noch einige Bemerkungen zur Rechenpraxis. Da hier, wie stets bei homogenen Trägern, die Leitmatrizen $\mathfrak{L}_1$, $\mathfrak{L}_2$ und $\mathfrak{L}_3$ einander gleich sind, werden sie auch nur ein einziges Mal aufgeschrieben, und zwar auf ein bewegliches Blatt, das an den senkrechten Kolonnen entlanggezogen wird. Zur Lösung der Gleichungen (3b) usw. läßt man auf der Rechenmaschine vier Teilprodukte auflaufen und dividiert deren Summe in einem Gang ohne Zwischenablesung durch den Faktor bei a_i bzw. b_i. Und endlich erwähnen wir noch, daß beim abgekürzten Verfahren die durch Stern und Punktreihe gekennzeichnete Zeile natürlich von der Summenprobe ausgeschlossen werden muß, was aber deren Wert nicht schmälert.

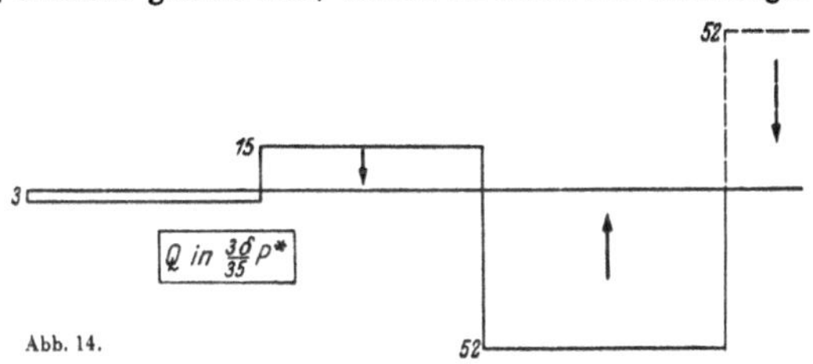

Abb. 14.

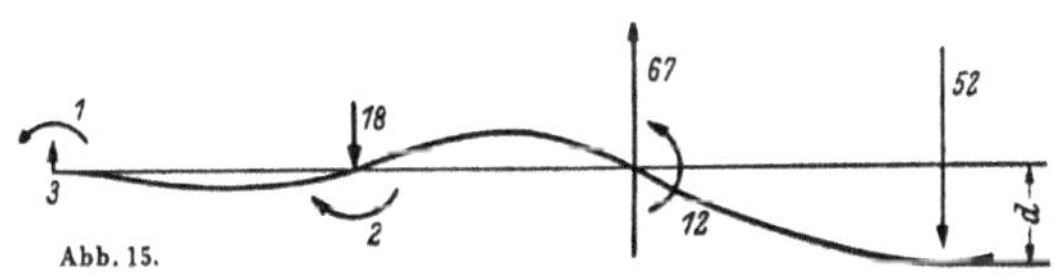

Abb. 15.

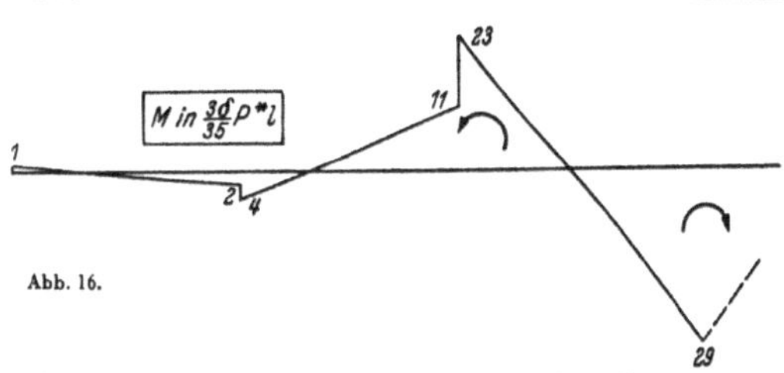

Abb. 16.

Abb. 14. Querkraftverlauf für den Träger von Abb. 13 bzw. 12.
Abb. 15. Biegelinie und Gleichgewichtssystem am Träger der Abb. 13 bzw 12.
Abb. 16. Momentenverlauf für den Träger von Abb. 13 bzw. 12.

11. Rechenaufwand; Vergleich mit der Eliminationsmethode. Wir gehen zunächst davon aus, daß die gesamte Rechnung in Zahlen (nicht in algebraischen Ausdrücken) durchgeführt wird und führen als objektives Maß für den Rechenaufwand die Anzahl der Aufschreibungen, Additionen (bzw. Subtraktionen) und Multiplikationen (bzw. Divisionen) ein. Da das Aufschreiben und Addieren von mehrstelligen Zahlen gegenüber den Multiplikationen kaum ins Gewicht fällt, beschränken wir uns der Einfachheit halber auf diese und vergleichen an ihrer Anzahl das Reduktions- mit dem Eliminationsverfahren[1]. Beiden gemeinsam ist die Vorbereitung, nämlich das

[1] Ein solcher Vergleich wurde für den Sonderfall des *Koiter*schen Verfahrens, allerdings ohne exakte Zahlenangaben, auch durchgeführt von *G. Worch*, Bauingenieur 30 (1955) S. 388.

Auswerten der Integrale (3) und (4) bzw. das Einsetzen von Zahlen in die fertigen Ausdrücke (9) und Tabelle 1; denn diese Größen erscheinen sowohl in den Leitmatrizen des Reduktionsverfahrens wie in dem Gleichungssystem

$$\mathfrak{A}\,\mathfrak{x} = \mathfrak{r} \tag{27}$$

der Eliminationsmethode mit den u Überzähligen $(X_1, X_2 \ldots X_u) = \mathfrak{x}$ und den Belastungsgliedern $(r_1, r_2 \ldots r_u) = \mathfrak{r}$.

Das Reduktionsverfahren verlangt nun außerdem für jedes der n Felder: a) die Multiplikation der Leitmatrix $\mathfrak{L}_i$ mit einem in drei (bzw. zwei) Anteile aufgespaltenen Vektor, b) das Berechnen der Produkte $c_i\, w_i$ und $C_i\, \varphi_i$, c) die Multiplikation der ersten beiden Kolonnen (bzw. der ersten allein) mit den freien Konstanten (bzw. der Hauptkonstante). Die Tabelle 4 gibt über die erforderliche Anzahl von Multiplikationen Aufschluß, und zwar für die beiden Extremfälle des vollkommen elastisch gestützten Balkens (Federn und Drehfedern, Beispiel 1) und des Clapeyronträgers. Darin ist das Auflösen der beiden linearen Gleichungen nicht einbezogen, da ja ein Mehrfaches dieser Arbeit beim ersten Rechenschritt infolge der einfachen Form des Anfangsvektors $\mathfrak{y}_0$ eingespart wird. Beim homogenen Träger mit lauter gleichen Feldlängen l und Biegesteifigkeiten EJ besteht die Berechnung des Produktes Leitmatrix mal Vektor bei Wahl von $l^* = l$ und $P^* = 6\,EJ/l^2$ überhaupt nur aus je einer Multiplikation mit den Zahlen 3, —3 und —6 (siehe die beiden ersten Leitmatrizen im Beispiel 2).

Tabelle 4. *Anzahl der erforderlichen Multiplikationen für ein Feld beim Reduktionsverfahren.*

Berechnung von	Träger, elastisch gestützt und elastisch eingespannt		Durchlaufträger auf festen Stützen (Clapeyronträger)	
	allgemein	homogen	allgemein	homogen
a) Leitmatrix mal Vektor	$6 \cdot 3 = 18$	$3 \cdot 3 = 9$	$6 \cdot 2 = 12$	$3 \cdot 2 = 6$
b) $c_i\, w_i$, $C_i\, \varphi_i$	$3 \cdot 2 = 6$	$3 \cdot 2 = 6$	0	0
c) sämtlichen Kraft- und Deformationsgrößen	8	8	4	4
Summe	32	23	16	10

Nun zur Eliminationsmethode. Außer der Vorbereitung muß a) das Gleichungssystem (27) aus den Funktionswerten (3) und (4) zusammengestellt und b) aufgelöst werden. Da sich allgemeine Angaben nicht machen lassen, beschränken wir uns auf den Durchlaufträger und den Balken auf elastischen Stützen, deren Gleichungssysteme drei- bzw. fünfgliedrig sind, und stellen die Anzahl der erforderlichen Multiplikationen in der Tabelle 5 zusammen.

Tabelle 5. *Anzahl der erforderlichen Multiplikationen für die Berechnung von u Überzähligen bei der Eliminationsmethode.*

	Träger auf elastischen Stützen (fünfgliedrig)	Träger auf festen Stützen (dreigliedrig)
a) Berechnen der Koeffizienten	$27\,u - 16$	0
b) Auflösen der Gleichungen	$10\,u - 14$	$5\,u - 4$
Summe	$37\,u - 30$	$5\,u - 4$

Da bei beiden Trägern zu n Feldern $n - 1 = u$ Überzählige (nämlich die Stützmomente) gehören, ist allein an der Anzahl der Multiplikationen gemessen, die Eliminationsmethode im Vorteil beim Clapeyronträger. Beim Balken auf elastischen Stützen aber ist das Reduktionsverfahren schon gleichwertig und wohl stets überlegen, wenn die linken Seiten des Gleichungssystems nicht formelmäßig fertig vorliegen. Treten zu den elastischen Stützen noch elastische Einspannungen (Drehfedern) hinzu (wie im Beispiel 1), so wird das Reduktionsverfahren kaum davon berührt; dagegen verdoppelt sich sofort die Anzahl der Überzähligen, die Elimination der

Kraft- oder Deformationsgrößen wird dann äußerst mühselig, findet sich in der gängigen Literatur der Baustatik auch nirgends durchgeführt.

Natürlich ist die Anzahl der Multiplikationen nicht immer das geeignete Maß; für die üblichen Tischrechenmaschinen zum Beispiel ist vielmehr die Anzahl der skalaren Produkte wesentlich, und in dieser Hinsicht ist das in Matrizen geschriebene Reduktionsverfahren offenbar stets im Vorteil, da sich der Eliminationsprozeß selbst wie auch das Einsetzen in fertige Formeln nicht durchweg in Form von skalaren Produkten erledigen läßt.

12. Die Variation der Belastung. Soll derselbe Träger für verschiedene Belastungen berechnet werden, so hat man lediglich die fünften Spalten der Leitmatrizen nach Tabelle 1 auszuwechseln und die letzte Kolonne im Zahlenschema zu erneuern; in den beiden Randbedingungen ändern sich dann nur die rechten Seiten. Auch die Eliminationsmethode braucht infolge der Aufspaltung in zwei „gestaffelte" Gleichungssysteme (Dreiecksmatrizen) nur einen geringen Teil der Rechnung zu wiederholen. Das bisweilen empfohlene Aufstellen der Reziproken $\mathfrak{A}^{-1}$ (in der Baustatik auch „Konjugierte" genannt) bedeutet im allgemeinen eine Arbeitsvergeudung von mehreren Hundert Prozent und scheidet daher in der Praxis aus.

Auch das Mitführen freier Parameter in den Belastungsgrößen bereitet keine Schwierigkeiten. Insbesondere bei Einzelkräften und -kräftepaaren kann man entweder deren Beträge offen lassen („Einflußmatrizen", Beispiel 2) oder deren Angriffspunkte („Einflußlinien") oder schließlich beides.

13. Die Variation der Trägergrößen; der nachträgliche Einbau von Stützen und Gelenken. Von der Variation der Längen, Biegesteifigkeiten und Federkonstanten werden beim Reduktionsverfahren die Leitmatrizen, bei der Eliminationsmethode außer den rechten Seiten auch noch die Elemente der Matrix $\mathfrak{A}$ selbst betroffen; große Teile der Rechnung müssen daher wiederholt werden, falls man nicht eine oder mehrere Größen als freie Parameter bis zum Schluß mitnehmen will, was beim Reduktionsverfahren, da immer nur multipliziert, niemals dividiert wird, mühelos gelingt, nicht aber bei der Eliminationsmethode. Denn der *Gauß*sche Algorithmus verlangt bei jedem Rechenschritt eine Division, wodurch allgemeine formelmäßige Ausdrücke in Gestalt von gebrochenen rationalen Funktionen so stark anschwellen können, daß unter Umständen der Algorithmus als praktisches Verfahren völlig in Frage gestellt wird.

Will man schließlich erst nachträglich Stützen oder Gelenke einbauen, d. h. die Anzahl der Felder vermehren, so muß das Eliminationsverfahren nicht nur die Zahlenrechnung, sondern auch die Aufstellung der Gleichungen selbst (den Eliminationsvorgang) wiederholen. Beim Reduktionsverfahren dagegen führt man zusätzliche Federn (Beispiel 2) oder Sprunggrößen an beliebiger Stelle des Trägers mit Hilfe der Gleichungen (2) ein und multipliziert sie für sich in eigenen Kolonnen im Schema (25) bis nach unten durch; etwa neu hinzugekommene Zwischenbedingungen werden dann zum Schluß mit den beiden Randbedingungen gemeinsam erfüllt; das Ganze läuft also im wesentlichen auf das „erweiterte Verfahren" von Ziffer **8** c) hinaus.

14. Verallgemeinerungen des Verfahrens. Das Reduktionsverfahren ist in zwei Richtungen verallgemeinerungsfähig:

a) Die Differentialgleichung (1) und mit ihr die Feld- und Leitmatrizen werden durch andere ersetzt, gegebenenfalls auch die Übergangsmatrizen. So kann man zum Beispiel ohne weiteres den Einfluß von Schubkräften[1] oder Temperaturschwankungen in die Matrix (9) aufnehmen; ebenso ändert sich im Prinzip nicht viel, wenn etwa die Differentialgleichung des Knickens oder Schwingens zugrunde liegt. Bei homogenen Problemen (freien Schwingungen, Knicken) kann man in allen Leitmatrizen die nun überflüssigen fünften Spalten und Zeilen streichen; auch fehlt die dritte Kolonne im Schema (25). Sei schließlich irgend eine lineare (in)homogene Differentialgleichung mit nicht notwendig konstanten Koeffizienten der Ordnung m anstelle von (1) gegeben und kennt man dazu ein Fundamentalsystem (und eine Partikularlösung), so bereitet auch hier das Aufstellen der Feld- und Leitmatrizen von der Ordnung m $(m+1)$ keine Schwierigkeiten[2].

b) Die Topologie des Trägers wird verallgemeinert. Für beliebig verzweigte offene (d. h. einfach zusammenhängende) räumliche Rahmen bietet das Reduktionsverfahren kaum neue Gesichtspunkte; es sind jetzt lediglich mehrere, voneinander unabhängige Gleichungssysteme

[1] Siehe etwa *H. Fuhrke*, Ing.-Arch. 23 (1955), S. 333, Gleichung (27).
[2] *S. Falk*, a. a. O.

zweiter Ordnung zu lösen; im wesentlichen verläuft die Rechnung wieder nach dem Schema (25). Enthält der Rahmen jedoch geschlossene Umläufe (Stockwerkrahmen, Trägerroste), so treten auch Gleichungssysteme von höherer als zweiter Ordnung auf, doch soll davon erst in einer späteren Arbeit die Rede sein.

15. Zusammenfassung. Wir haben das in der Idee nicht neue Reduktionsverfahren auf den beliebig gestützten Durchlaufträger angewandt, allgemeine Formeln zur Aufstellung der Grundgleichungen hergeleitet und die Rechnung so weit schematisiert, daß sie auch von Hilfskräften oder auf Rechenautomaten durchgeführt werden kann. Der Vergleich mit der klassischen Eliminationsmethode zeigte, daß das Reduktionsverfahren dem Rechenaufwand nach fast immer, in der Weite seines Anwendungsbereiches aber grundsätzlich überlegen ist. Drei hinreichend erläuterte Beispiele geben einen Begriff von der Geschlossenheit einer in Matrizen durchgeführten größeren Zahlenrechnung.

(Eingegangen am 17. Januar 1956.)

Anschrift des Verfassers: Dr.-Ing. *Sigurd Falk*, Braunschweig

57/09/2354 0,100 (K.B./Z. 040)

Sonderabdruck aus
„Ingenieur-Archiv", 26. Band, 1. Heft, 1958, S. 61—80

Springer-Verlag · Berlin / Göttingen / Heidelberg

Die Berechnung offener Rahmentragwerke nach dem Reduktionsverfahren

Von **S. Falk**

1. Einleitung. Die vorliegende Arbeit stellt die Fortsetzung und Verallgemeinerung meines ersten Aufsatzes[1] dar und behandelt offene, aus lauter geraden Stücken zusammengesetzte Rahmentragwerke. Solche offenen Rahmen lassen sich durch einen einfachen Kunstgriff stets auf einen oder mehrere Durchlaufträger zurückführen, und es zeigt sich, daß bei ebenen (räumlichen) Tragwerken höchstens drei (sechs) lineare Gleichungen aufzulösen sind, unabhängig von der statischen oder geometrischen Unbestimmtheit und der sonstigen Beschaffenheit des Tragwerkes. An drei Beispielen wird das Verfahren vorgeführt. Formeln aus meiner ersten Arbeit werden mit dem Buchstaben I zitiert.

2. Der Begriff der Reduktion. Gegeben sei ein im Endpunkt E eingespannter starrer Träger nach Abb. 1. In jedem beliebigen Schnittpunkt S läßt sich die im Bereich $A\,S$ angreifende gegebene Belastung reduzieren auf eine Kräftesumme $\mathfrak{K}_S$ und eine Momentensumme $\mathfrak{M}_S$. Beide Vektoren zerlegen wir in Tangentenrichtung (Längskraft und Drillmoment) und in zwei zueinander senk-

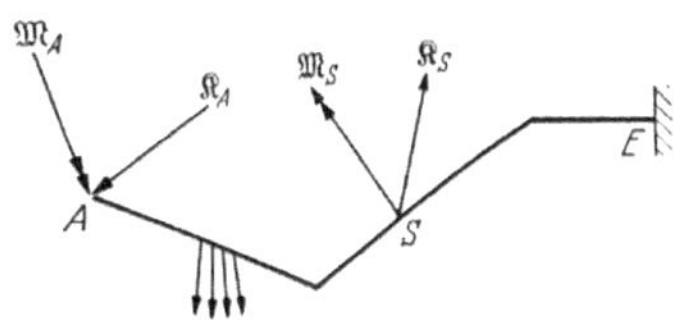

Abb. 1. Starrer durchlaufender Rahmen mit Kraftgrößen.

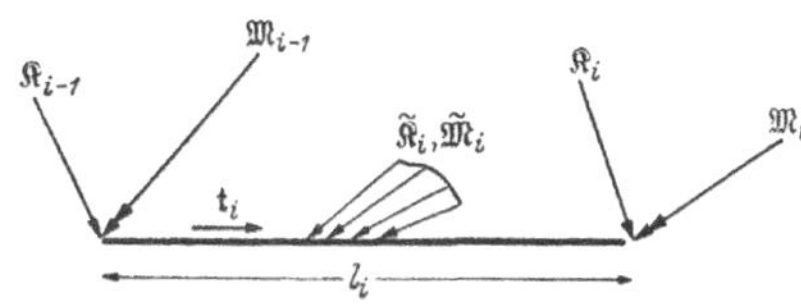

Abb. 2. Gerader Balken mit Kraftgrößen.

rechte Normalrichtungen (Querkräfte und Biegemomente). Diese sechs Komponenten werden vom Balkenteil $A\,S$ auf den Teil $S\,E$ übertragen; wir nennen sie die Kraftgrößen im Schnitt S. Die Reduktion der Kraftgrößen gelingt, weil die Vektoren $\mathfrak{K}_A$ und $\mathfrak{M}_A$ im Anfangspunkt A gegeben sind; man braucht ja, in A beginnend, nur nach den Gleichgewichtsbedingungen

$$\left.\begin{aligned} \mathfrak{K}_i &= \mathfrak{K}_{i-1} + \tilde{\mathfrak{K}} \\ \mathfrak{M}_i &= \mathfrak{M}_{i-1} + \tilde{\mathfrak{M}} - l_i\, \mathfrak{t}_i \times \mathfrak{K}_{i-1} \end{aligned}\right\} \tag{1}$$

fortzuschreiten (Abb. 2).

Nun sei der Träger elastisch verformbar. Dann treten zu den sechs Kraftgrößen noch sechs Deformationsgrößen hinzu, die diesen paarweise zugeordnet, „konjugiert" sind, und zwar handelt es sich um die folgenden sechs Paare:

x-Richtung	Längsverschiebung	u,	(2)
	Längskraft	L,	
	Längsverdrehung (Drillung)	ϑ,	
	Längsmoment (Drillmoment)	T,	
y-Richtung	Querverschiebung (Durchbiegung)	v,	
	Querkraft	Q_y,	
	Drehwinkel (Neigung)	φ,	
	Biegemoment	M_y,	
z-Richtung	Querverschiebung (Durchbiegung)	w,	
	Querkraft	Q_z,	
	Drehwinkel (Neigung)	ψ,	
	Biegemoment	M_z.	

Die Vorzeichen sind nach Abb. 3 gewählt. Die Kraftgrößen bezeichnen wir allgemein mit k_i, die Deformationsgrößen mit d_i. Wenn eine Unterscheidung nicht nottut, schreiben wir einfach g_i.

[1] *S. Falk*, Ing.-Arch. 24 (1956) S. 216.

Den Begriff der Reduktion erweitern wir jetzt sinngemäß auf alle 12 Größen (2): zu den sechs statischen Gleichungen (1) gesellen sich ja noch sechs geometrische, die mit jenen durch das *Hooke*sche Gesetz verknüpft sind, und diese insgesamt zwölf Gleichungen geben eindeutig an, wie die zwölf Größen g_i von Punkt zu Punkt zu reduzieren sind. Allerdings — und das ist eine einschneidende Voraussetzung — müßten sämtliche Kraft- und Deformationsgrößen im Anfangspunkt A gegeben sein, was in Wirklichkeit nie der Fall ist. Die Kernfrage des Reduktionsverfahrens lautet demnach: wie findet man die Kraft- und Deformationsgrößen im Anfangspunkt A eines Balkens? Ihre Beantwortung stellen wir fürs erste zurück.

3. Die grundlegenden Differentialgleichungen. Die Größen (2) sind bekanntlich durch 12 lineare Differentialgleichungen erster Ordnung verknüpft, die sich zu den folgenden vier Differentialgleichungen zusammenfassen lassen:

$$\left.\begin{aligned} -[E\,F(x)\,u'(x)]' &= p(x)\,,\\ [E\,J_y(x)\,w''(x)]'' &= q_z(x)\,,\\ -[G\,I(x)\,\vartheta'(x)]' &= t(x)\,,\\ [E\,J_z(x)\,v''(x)]'' &= q_y(x)\,, \end{aligned}\right\} \tag{3}$$

wobei Striche Ableitungen nach x bedeuten.

Hier stehen auf den rechten Seiten die gegebenen Belastungsfunktionen $p(x)$, $q_z(x)$, $t(x)$ und $q_y(x)$. Wir wollen vorerst annehmen, y und z seien die über den ganzen Integrationsbereich konstanten Hauptträgheitsrichtungen, auch mögen die Steifigkeiten $E\,F$, $E\,J_y$, $G\,I$ und $E\,J_z$ konstant

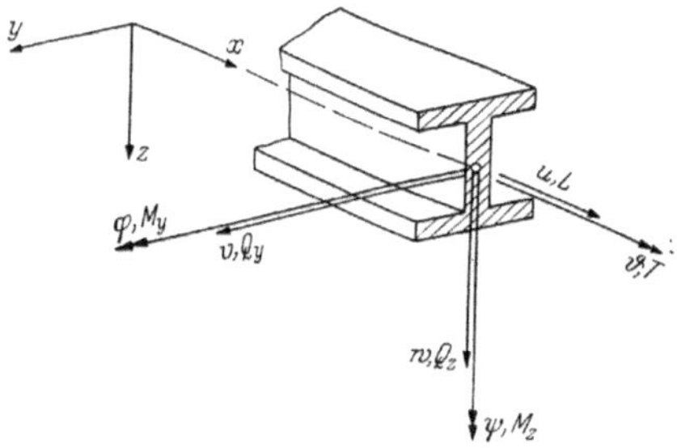

Abb. 3. Vorzeichen der Kraft- und Deformationsgrößen.

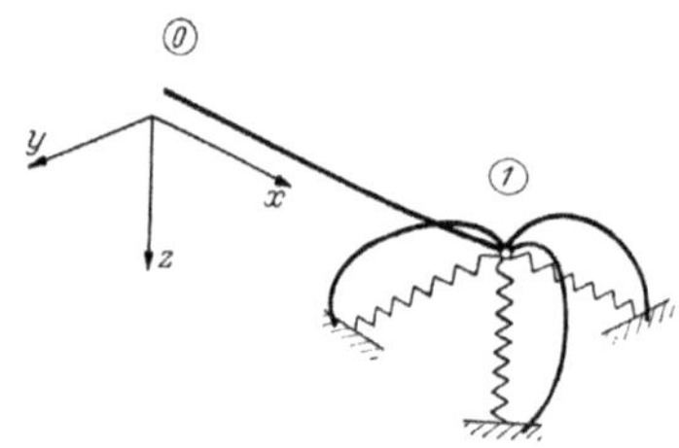

Abb. 4. Gerader Balken mit Druck- und Drehfedern.

sein (Voraussetzungen, von denen wir uns später wieder befreien werden); dann nämlich lassen sich die Lösungen von (3) unmittelbar hinschreiben. Als Integrationskonstanten wählen wir die Kraft- und Deformationsgrößen an der Stelle $x = 0$ [vgl. I(2) bis I(9)].

Weiter sei im Punkt 1 des Balkens ($x = l$) eine Anzahl von Druck- und Drehfedern angebracht (Abb. 4); die von diesen auf den Balken übertragenen Kraftgrößen sind nach dem *Hooke*schen Gesetz

$$k_i = -c_i\,d_i \qquad (i = 1, 2, \ldots, 6)\,, \tag{4}$$

wo die k_i zu den d_i konjugiert sind. Diese Federreaktionen müssen wir noch zu der im Bereich $0 \leq x \leq l$ angreifenden Belastung hinzuschlagen und haben damit den für das Reduktionsverfahren grundlegenden Zusammenhang zwischen den Kraft- und Deformationsgrößen an zwei Schnitten 0 und 1 (genauer gesagt unmittelbar rechts davon) in der Entfernung l voneinander

$$\left.\begin{aligned} u(l) = u_1 &= u_0 - \frac{l}{E\,F}\,L_0 + u(l)\,,\\ L(l) = L_1 &= \qquad\quad L_0 + \tilde{L}(l) - c_u\,u_1 \end{aligned}\right\} \text{ mit } \left\{\begin{aligned} &\int_0^x p(\xi)\,d\xi = \tilde{L}(x)\,,\\ &-\int_0^x \frac{\tilde{L}(\xi)}{E\,F}\,d\xi = \tilde{u}(x)\,, \end{aligned}\right\} \tag{5}$$

$$\left.\begin{aligned} w(l) = w_1 &= w_0 - l\,\varphi_0 + \frac{l^2}{2\,E\,J_y}\,M_{y0} + \frac{l^3}{6\,E\,J_y}\,Q_{z0} + \tilde{w}(l)\,,\\ \varphi(l) = \varphi_1 &= \qquad\quad \varphi_0 - \frac{l}{E\,J_y}\,M_{y0} - \frac{l^2}{2\,E\,J_y}\,Q_{z0} + \tilde{\varphi}(l)\,,\\ M_y(l) = M_{y1} &= \qquad\qquad\qquad M_{y0} + l\cdot Q_{z0} + \widetilde{M}_y(l) - C_\varphi\,\varphi_1\,,\\ Q_z(l) = Q_{z1} &= \qquad\qquad\qquad\qquad Q_{z0} + \tilde{Q}_z(l) - c_w\,w_1 \end{aligned}\right\} \tag{6}$$

mit
$$\left.\begin{aligned} &\int_0^x q_z(\xi)\,d\xi = \tilde{Q}_z(x)\,, &&\int_0^x Q_z(\xi)\,d\xi = \tilde{M}_y(x)\,,\\ &\int_0^x \frac{\tilde{M}_y(\xi)}{E\,J_y}\,d\xi = -\tilde{\varphi}(x)\,, &&\int_0^x \frac{-\tilde{\varphi}(\xi)}{E\,J_y}\,d\xi = \tilde{w}(x)\,, \end{aligned}\right\}$$

$$\left.\begin{aligned} \vartheta(l) &= \vartheta_1 = \vartheta_0 - \frac{l}{G\,I}\,T_0 + \tilde{\vartheta}(l)\,,\\ T(l) &= T_1 = \qquad T_0 + \tilde{T}(l) - C_\vartheta\,\vartheta_1 \end{aligned}\right\} \text{ mit } \left\{\begin{aligned} &\int_0^x t(\xi)\,d\xi = \tilde{T}(x)\,,\\ &-\int_0^x \frac{\tilde{T}(\xi)}{G\,I}\,d\xi = \tilde{\vartheta}(x)\,, \end{aligned}\right\} \tag{7}$$

$$\left.\begin{aligned} v(l) &= v_1 = v_0 + l\,\psi_0 - \frac{l^2}{2\,E\,J_z}\,M_{z0} + \frac{l^3}{6\,E\,J_z}\,Q_{y0} + \tilde{v}(l)\,,\\ \psi(l) &= \psi_1 = \qquad \psi_0 - \frac{l}{E\,J_z}\,M_{z0} + \frac{l^2}{2\,E\,J_z}\,Q_{y0} + \tilde{\psi}(l)\,,\\ M_z(l) &= M_{z1} = \qquad M_{z0} - \quad l\,Q_{y0} + \tilde{M}_z(l) - C_\psi\,\psi_1\,,\\ Q_y(l) &= Q_{y1} = \qquad Q_{y0} + \tilde{Q}_y(l) \; - c_v\,v_1 \end{aligned}\right\} \tag{8}$$

mit
$$\begin{aligned} &\int_0^x q_y(\xi)\,d\xi = \tilde{Q}_y(x)\,, &&\int_0^x \tilde{Q}_y(\xi)\,d\xi = -\tilde{M}_z(x)\,,\\ &\int_0^x \frac{-\tilde{M}_z(\xi)}{E\,J_z}\,d\xi = \tilde{\psi}(x)\,, &&\int_0^x \frac{\tilde{\psi}(\xi)}{E\,J_z}\,d\xi = \tilde{v}(x)\,. \end{aligned}$$

4. Die Leitmatrizen. Nun schreiben wir die Gleichungen (5) bis (8) noch einmal in Matrizen hin und bekommen, wenn wir, um allgemeiner zu bleiben, die Zeiger 0 und 1 durch $i-1$ und i ersetzen, ferner aus formalen Gründen die triviale Gleichung $1 = 1$ zu jedem der vier Gleichungssysteme hinzufügen:

$$\left.\begin{aligned} \mathfrak{u}_i &= \mathfrak{L}_{u\,i}\,\mathfrak{u}_{i-1}\,,\\ \mathfrak{y}_i &= \mathfrak{L}_{y\,i}\,\mathfrak{y}_{i-1}\,,\\ \mathfrak{t}_i &= \mathfrak{L}_{t\,i}\,\mathfrak{t}_{i-1}\,,\\ \mathfrak{z}_i &= \mathfrak{L}_{z\,i}\,\mathfrak{z}_{i-1}\,. \end{aligned}\right\} \tag{9}$$

Die vier sogenannten „Leitmatrizen“ mit ihren zugehörigen Vektoren sind dabei der Reihe nach

$$\mathfrak{L}_u = \left(\begin{array}{ccc|c} 1 & -l/E\,F & \tilde{u} & 0\\ 0 & 1 & \tilde{L} & -c_u\\ 0 & 0 & 1 & 0 \end{array}\right), \qquad \mathfrak{u} = \begin{pmatrix} u\\ L\\ 1 \end{pmatrix}, \tag{10}$$

$$\mathfrak{L}_y = \left(\begin{array}{ccccc|cc} 1 & -l & -l^2/2\,E\,J_y & l^3/6\,E\,J_y & \tilde{w} & 0 & 0\\ 0 & 1 & l/E\,J_y & -l^2/2\,E\,J_y & \tilde{\varphi} & 0 & 0\\ 0 & 0 & 1 & l & \tilde{M}_y & 0 & -C_\varphi\\ 0 & 0 & 0 & 1 & \tilde{Q}_z & -c_w & 0\\ 0 & 0 & 0 & 0 & 1 & 0 & 0 \end{array}\right), \qquad \mathfrak{y} = \begin{pmatrix} w\\ \varphi\\ M_y\\ Q_z\\ 1 \end{pmatrix}, \tag{11}$$

$$\mathfrak{L}_t = \left(\begin{array}{ccc|c} 1 & -l/G\,I & \tilde{\vartheta} & 0\\ 0 & 1 & \tilde{T} & -C_\vartheta\\ 0 & 0 & 1 & 0 \end{array}\right), \qquad \mathfrak{t} = \begin{pmatrix} \vartheta\\ T\\ 1 \end{pmatrix} \tag{12}$$

$$\mathfrak{L}_z = \left(\begin{array}{ccccc|cc} 1 & l & -l^2/2\,E\,J_z & l^3/6\,E\,J_z & \tilde{v} & 0 & 0\\ 0 & 1 & -l/E\,J_z & l^2/2\,E\,J_z & \tilde{\psi} & 0 & 0\\ 0 & 0 & 1 & -l & \tilde{M}_z & 0 & -C_\psi\\ 0 & 0 & 0 & 1 & \tilde{Q}_y & -c_v & 0\\ 0 & 0 & 0 & 0 & 1 & 0 & 0 \end{array}\right), \qquad \mathfrak{z} = \begin{pmatrix} v\\ \psi\\ M_z\\ Q_y\\ 1 \end{pmatrix}. \tag{13}$$

Die von der gegebenen Belastung herrührenden, mit dem Zeichen $\sim$ versehenen „Lastgrößen" sind für die praktisch wichtigsten Fälle in den Tabellen 1 und I (1) zusammengestellt.

Aus den Matrizen (10) bis (13) lassen sich nun leicht Leitmatrizen höherer Ordnung zusammenstellen, zum Beispiel für den Sonderfall der ebenen Statik (Biegen in der (z, x)-Ebene mit Längsdehnung in x-Richtung)

$$\left(\begin{array}{ccccccc|ccc} 1 & 0 & 0 & 0 & 0 & -l/EF & \tilde{u} & 0 & 0 & 0 \\ 0 & 1 & -l & l^2/2\,EJ_y & l^3/6\,EJ_y & 0 & \tilde{w} & 0 & 0 & 0 \\ 0 & 0 & 1 & -l/EJ_y & -l^2/2\,EJ_y & 0 & \tilde{\varphi} & 0 & 0 & 0 \\ 0 & 0 & 0 & 1 & l & 0 & \widetilde{M}_y & 0 & 0 & -C_\varphi \\ 0 & 0 & 0 & 0 & 1 & 0 & \widetilde{Q}_z & 0 & -c_w & 0 \\ 0 & 0 & 0 & 0 & 0 & 1 & \widetilde{L} & -c_u & 0 & 0 \\ 0 & 0 & 0 & 0 & 0 & 0 & 1 & 0 & 0 & 0 \end{array}\right), \quad \begin{pmatrix} u \\ w \\ \varphi \\ M_y \\ Q_z \\ L \\ 1 \end{pmatrix}, \tag{14}$$

oder ganz allgemein: sind ϱ Paare an der Deformation des Balkens beteiligt, so kann man diese gemeinsam mit der Ziffer 1 zu einem Vektor zusammenfassen und aus den Matrizen (10) bis (13) die zugehörige Leitmatrix mit $2\,\varrho + 1$ Zeilen und $3\,\varrho + 1$ Spalten ohne Schwierigkeiten zusammenbauen. Alle diese Leitmatrizen sind offensichtlich von der folgenden typischen Form:

$$\mathfrak{L} = \left(\begin{array}{ccc|c} \mathfrak{G} & \mathfrak{F} & \begin{matrix}\tilde{d}_1 \\ \vdots \\ \tilde{d}_\varrho\end{matrix} & \mathfrak{O} \\ \mathfrak{O} & \mathfrak{K} & \begin{matrix}\tilde{k}_\varrho \\ \vdots \\ \tilde{k}_1\end{matrix} & \mathfrak{C} \\ 0\,..\,0 & 0\,..\,0 & 1 & 0\,..\,0 \end{array}\right), \quad \begin{pmatrix} \mathfrak{d} \\ \hline \mathfrak{k} \\ 1 \end{pmatrix} = \begin{pmatrix} d_1 \\ \vdots \\ d_\varrho \\ k_\varrho \\ \vdots \\ k_1 \\ 1 \end{pmatrix} = \mathfrak{x}, \tag{15}$$

oder noch einmal ausführlich in Untermatrizen der Ordnung ϱ geschrieben ($\mathfrak{O}$ ist die Nullmatrix):

$$\left.\begin{aligned} \mathfrak{G}\,\mathfrak{d}_{i-1} + \mathfrak{F}\,\mathfrak{k}_{i-1} &= (\mathfrak{d} - \tilde{\mathfrak{d}})_i, \\ \mathfrak{K}\,\mathfrak{k}_{i-1} + \mathfrak{C}\,(\mathfrak{d} - \tilde{\mathfrak{d}})_i &= (\mathfrak{k} - \tilde{\mathfrak{k}})_i. \end{aligned}\right\} \tag{16}$$

Jede dieser Untermatrizen enthält eine gewisse Gruppe von Kenngrößen, und zwar gilt folgende Zuordnung:

$$\left.\begin{aligned} &\mathfrak{G} \to \text{Geometrie}, && \mathfrak{K} \to \text{Kräftegeometrie}, \\ &\mathfrak{F} \to \text{Steifigkeit des Balkens}, && \mathfrak{C} \to \text{Federung von außen}. \end{aligned}\right\} \tag{17}$$

In $\mathfrak{K}$ finden wir ϱ der Gleichungen (1) wieder; $\mathfrak{F}$ verschwindet, wenn die Steifigkeiten unendlich groß werden (starrer Balken), $\mathfrak{C}$, wenn die äußeren Federn fehlen. Den punktiert (gestrichelt) eingerahmten Teil von $\mathfrak{L}$ wollen wir den Kern (den Hauptteil) der Leitmatrix nennen. Die letzte Zeile heißt (aus später verständlichen Gründen) die Kontrollzeile, die die gegebenen Lastgrößen enthaltende Spalte die Lastspalte. Die Determinanten der Kerne und Hauptteile aller Leitmatrizen haben offenbar den Wert 1. Die Reziproken der Kerne entstehen, wie man leicht zeigt, wenn man x durch $-x$ bzw. l durch $-l$ ersetzt.

Die Matrizen (11) und (13) lassen sich übrigens noch um die Ordnung zwei erniedrigen, wenn man irgendeine Größe g_i mit Hilfe ihrer Konjugierten, die dann in der Lastspalte erscheint, eliminiert. So entsteht zum Beispiel, wenn man in (11) die Querkräfte entfernt, die folgende Leitmatrix, die im wesentlichen den gesamten Formelapparat der Traversenmethode von *Stewart*[1] enthält:

$$\mathfrak{L}_{fi} = \left(\begin{array}{ccc|c} -2 & l/2\,EJ_y & \tilde{\tilde{\varphi}} + 3\,(w_i - w_{i-1})/l & 0 \\ 6\,EJ_y/l & -2 & \widetilde{\widetilde{M}}_y - 6\,EJ_y\,(w_i - w_{i-1})/l^2 & -C_\varphi \\ 0 & 0 & 1 & 0 \end{array}\right), \qquad \mathfrak{f} = \begin{pmatrix} \varphi \\ M_y \\ 1 \end{pmatrix} \tag{18}$$

mit

$$\tilde{\tilde{\varphi}} = \tilde{\varphi} + 3\,\tilde{w}/l, \qquad \widetilde{\widetilde{M}}_y = \widetilde{M}_y - 6\,EJ_y\,\tilde{w}/l^2. \tag{19}$$

[1] *R. W. Stewart* und *A. Kleinlogel*, Die Traversenmethode, Berlin 1952.

Solche, an der Deformation des Balkens zwar beteiligten, aber aus dem Kern der Leitmatrix entfernten Paare nennen wir „unterdrückt". Falls von Interesse, lassen sich die unterdrückten Größen nachträglich leicht wiedergewinnen; zum Beispiel findet man aus (11) für die Querkräfte Q_{i-1} und Q_i, wenn man der Übersichtlichkeit halber die Indizes z und y bei Q und M fortläßt

$$Q_{i-1} = Q_i - \widetilde{Q}_i = \frac{1}{l_i}(M_i - \widetilde{M}_i - M_{i-1}), \tag{20}$$

ferner für die Durchbiegung w als Funktion von x im ersten Feld

$$w(x) = -x\left(1 - \frac{x}{l}\right)\left[\left(1 + \frac{x}{l}\right)\varphi_0 + \frac{x}{2EJ}M_0\right] + \left[\widetilde{w}(x) - \frac{x^3}{l^3}\widetilde{w}(l) + w_0 + (w_1 - w_0)\frac{x^3}{l^3}\right] \tag{21}$$

und entsprechend in allen anderen Feldern.

Schließlich fügen wir noch eine Bemerkung zu der Matrizenmultiplikation

$$\mathfrak{x}_i = \mathfrak{L}_i \mathfrak{x}_{i-1} \tag{22}$$

ein. Die Leitmatrix $\mathfrak{L}_i$ hat $3\varrho + 1$ Spalten, aber der Vektor $\mathfrak{x}_{i-1}$ nur $2\varrho + 1$ Komponenten; man faßt daher die ersten ϱ Komponenten von $\mathfrak{x}_i$ als die letzten ϱ des Vektors $\mathfrak{x}_{i-1}$ auf und multipliziert sodann wie gewöhnlich. Eine solche Matrizenmultiplikation nennen wir „verschränkt". Zwar könnte man die Gleichung (22) auch auflösen in die beiden Gleichungen

$$\mathfrak{x}_i^* = \mathfrak{H}_i \mathfrak{x}_{i-1}, \qquad \mathfrak{x}_i = \mathfrak{U}_i \mathfrak{x}_i^* \tag{23}$$

mit dem quadratischen Hauptteil $\mathfrak{H}_i$ und der ebenfalls quadratischen „Übergangsmatrix" $\mathfrak{U}_i$ [I (13) in sinngemäßer Erweiterung], was aber nur unnötige Schreib- und Rechenarbeit verursachen würde.

Tabelle 1. *Lastgrößen für Längsdehnung, Drillen und Biegen mit unterdrücktem Q, w*

①	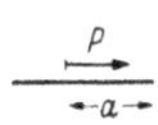	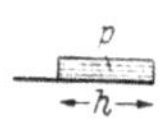	②		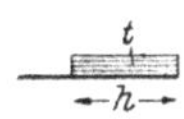
$\tilde{u}(l)$	$-Pa/EF$	$-ph^2/2EF$	$\tilde{\vartheta}(l)$	$-Ta/GI$	$-th^2/2GI$
$\widetilde{L}(l)$	P	ph	$\widetilde{T}(l)$	T	th

③	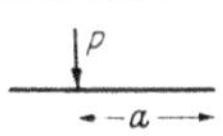	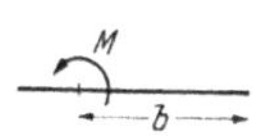	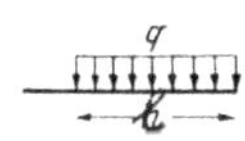
$\tilde{\varphi}(l)$	$\frac{-Pa^2}{2EJ}\cdot\left(1 - \frac{a}{l}\right)$	$-\frac{Mb}{EJ}\cdot\left(1 - \frac{3b}{2l}\right)$	$-qh^3/24EJ$
$\widetilde{M}(l)$	$Pa\left(1 - \frac{a^2}{l^2}\right)$	$M\left(1 - 3\frac{b^2}{l^2}\right)$	$qh^2/4$

5. Der durchlaufende Träger. Der geradlinige Abschnitt zwischen zwei benachbarten Feldgrenzen heißt das Feld der Nummer i. Ein Punkt F ist Feldgrenze, wenn für ihn mindestens eine der folgenden Eigenschaften zutrifft:

1) In F tritt eine Federreaktion nach (4) hinzu. (24)

2) Für z der Kraft- oder Deformationsgrößen sind in F feste Werte vorgeschrieben (z. B. die Werte Null), oder allgemeiner: zwischen den Kraft- und Deformationsgrößen im Punkte F sollen z lineare Bedingungen erfüllt sein. (25)

3) F ist ein Verzweigungspunkt. (26)

4) F ist ein Knickpunkt. (27)

Demnach stellt also auch jedes freie oder irgendwie gegen die feste Umgebung gestützte Ende eines Trägers eine Feldgrenze dar. Mitunter kann es zweckmäßig sein, auch andere Punkte zu Feldgrenzen zu erklären, etwa Punkte, in denen die Steifigkeitsfunktion unstetig ist (abgesetzte Wellen und dergleichen).

Für einen durchlaufenden Träger mit n Feldern (Abb. 5) gilt nun nach (9), (15) usw. der Reihe nach

$$\mathfrak{x}_1 = \mathfrak{L}_1\,\mathfrak{x}_0\,, \qquad \mathfrak{x}_2 = \mathfrak{L}_2\,\mathfrak{x}_1\,, \ldots, \mathfrak{x}_n = \mathfrak{L}_n\,\mathfrak{x}_{n-1} \tag{28}$$

oder eingesetzt

$$\mathfrak{x}_n = \underbrace{\mathfrak{L}_n\,\mathfrak{L}_{n-1}\cdots\mathfrak{L}_1}\,\mathfrak{x}_0\,. \tag{29}$$

$$\mathfrak{x}_n = \qquad \mathfrak{P}_n\,\mathfrak{x}_0 \tag{30}$$

Sind nun an der Deformation ϱ Paare beteiligt, so müssen in den Endpunkten A und E auch genau je ϱ Randbedingungen der Form

$$g_{0\nu} = 0\;(\nu = 1, 2, \ldots \varrho)\,, \tag{31}$$

$$g_{n\mu} = 0\;(\mu = 1, 2, \ldots \varrho) \tag{32}$$

(bzw. Linearkombinationen dieser Gleichungen) befriedigt werden, und zwar muß in A wie in E aus jedem Paar gerade eine Größe g verschwinden. Die in A verbleibenden ϱ wollen wir die „Freigrößen“ $(A_1, A_2, \ldots A_\varrho) = \mathfrak{a}$ und die in E verschwindenden die „Nullgrößen“ $(B_1, B_2 \ldots B_\varrho) = \mathfrak{b}$ nennen. Aus (30) und (32) entsteht dann das lineare inhomogene Gleichungssystem

$$\mathfrak{A}\,\mathfrak{a} + \mathfrak{r} = \mathfrak{b} = 0\,. \tag{33}$$

Damit haben wir die Kernfrage des Reduktionsverfahrens (Ziff. 2) für den Durchlaufträger — und wie wir sehen werden, im Prinzip bereits für jedes beliebige Tragwerk — beantwortet: Von den $2\,\varrho$ Kraft- und Deformationsgrößen im Anfangspunkt A eines durchlaufenden Trägers sind ϱ gleich Null; die übrigen ϱ gewinnt man aus dem linearen Gleichungssystem (33).

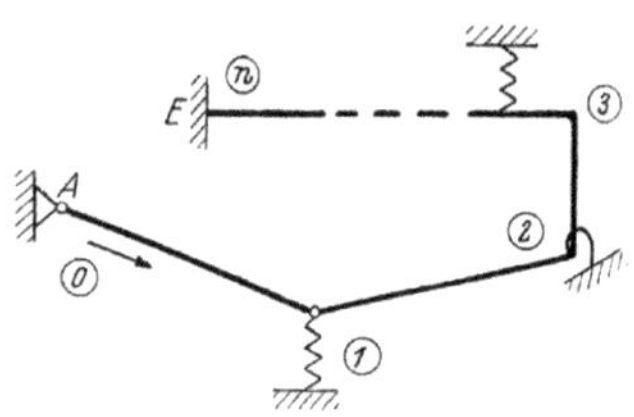

Abb. 5. Durchlaufender Rahmen, schematisch.

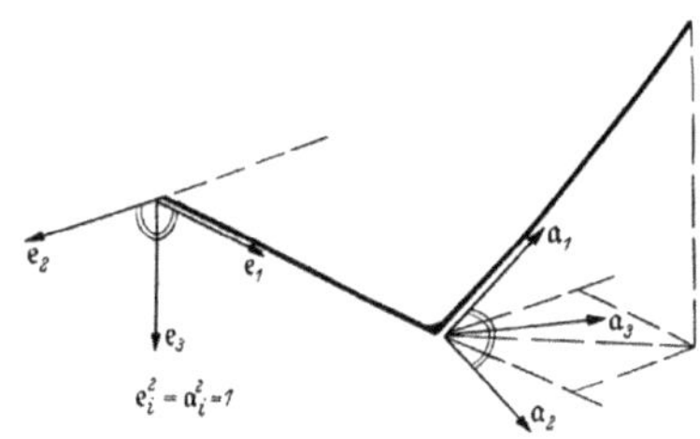

Abb. 6. Knickpunkt eines Rahmens mit begleitendem Dreibein.

Den praktischen Hergang der Rechnung zeigt das Schema (34): Die mit den Freigrößen A_i und der Ziffer 1 multiplizierten $\varrho + 1$ Spalten des Anfangsvektors $\mathfrak{x}_0$ werden unabhängig voneinander an sämtlichen Leitmatrizen vorbeimultipliziert bis unten rechts neben $\mathfrak{L}_n$ die ϱ Nullgrößen B_i erscheinen. Dann wird des Gleichungssystem (33) der Ordnung ϱ gelöst und mit dem nun bekannten Anfangsvektor $\mathfrak{x}_0$ die Rechnung wiederholt, wobei die Kraft- und Deformationsgrößen unmittelbar rechts von jeder Feldgrenze zahlenmäßig erscheinen. Nach (5) bis (8) sind dann auch Kraft- und Deformationsgrößen als Funktionen der Balkenkoordinate x bekannt, womit die gestellte Aufgabe erschöpfend gelöst ist.

$$\left.\begin{array}{l} \begin{array}{rccccc} & A_1 & A_2 & \ldots & A_\varrho & 1 \\ \mathfrak{x}_0 = & \multicolumn{5}{c}{\begin{pmatrix} 1 & 0 & \ldots & 0 & 0 \\ 0 & 1 & \ldots & 0 & 0 \\ \multicolumn{5}{c}{\cdots\cdots\cdots\cdots\cdots\cdots} \\ 0 & 0 & \ldots & 0 & 1 \end{pmatrix}} \\ (\mathfrak{L}_1) & (\downarrow & \downarrow & & \downarrow & \downarrow) \\ & & & \downarrow & & \\ (\mathfrak{L}_n) & \multicolumn{5}{c}{(\boxed{\quad\quad\ldots\quad\quad}) = \mathfrak{b} = 0\,.} \end{array} \end{array}\right\} \tag{34}$$

Sind alle Feldgrenzen vom Typ (24), so sind die Elemente sämtlicher Leitmatrizen von vornherein gegeben und die Rechnung bereitet nach (28) und (34) keine Schwierigkeiten. Zwischenbedingungen nach (25) kann man auf drei verschiedene Arten erfüllen: durch Ablösen der Freigrößen, das abgekürzte und das erweiterte Verfahren [I (8)]. Bei abgewinkelten Trägern schließlich (Abb. 6) transformieren sich die Größen (u, v, w) und ebenso (L, Q_y, Q_z), $(\vartheta, \psi, \varphi)$, (T, M_y, M_z) mit Hilfe der Matrix

$$\begin{pmatrix} \mathfrak{e}_1\,\mathfrak{a}_1 & \mathfrak{e}_2\,\mathfrak{a}_1 & \mathfrak{e}_3\,\mathfrak{a}_1 \\ \mathfrak{e}_1\,\mathfrak{a}_2 & \mathfrak{e}_2\,\mathfrak{a}_2 & \mathfrak{e}_3\,\mathfrak{a}_2 \\ \mathfrak{e}_1\,\mathfrak{a}_3 & \mathfrak{e}_2\,\mathfrak{a}_3 & \mathfrak{e}_3\,\mathfrak{a}_3 \end{pmatrix}. \tag{35}$$

Je nach Art und Zahl der beteiligten Paare werden zweimal ϱ Elemente dieser Matrix zu einer Gesamttransformationsmatrix $\mathfrak{T}$ zusammengefaßt; es gilt dann beim Übergang an einer Knickstelle i

$$\left.\begin{aligned} \mathfrak{x}_i &= \mathfrak{L}_i\,\mathfrak{x}_{i-1}\,, \\ \mathfrak{x}_{i+1} &= \mathfrak{L}_{i+1}\,\mathfrak{T}_{i+1}\,\mathfrak{x}_i = \mathfrak{L}^*_{i+1}\,\mathfrak{x}_i\,, \end{aligned}\right\} \tag{36}$$

und zwar empfiehlt es sich, von vornherein die Kerne der Leitmatrizen von rechts mit $\mathfrak{T}$ zu multiplizieren.

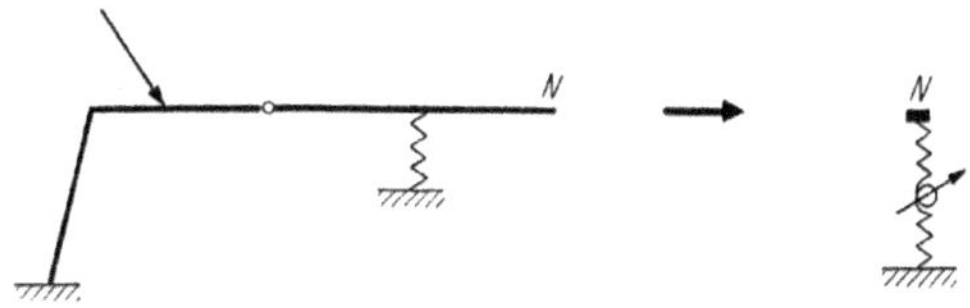

Abb. 7. Ersatz eines durchlaufenden Rahmens durch eine Koppelfeder.

6. Federmatrizen. Wir fragen jetzt, wie die ϱ Kraftgrößen mit den ϱ Deformationsgrößen in einem beliebigen Schnitt N eines Durchlaufträgers zusammenhängen (Abb. 7). Rechnen wir den Träger bis zum Punkt N durch, so erscheint unten rechts in (34) folgendes Zahlenschema:

$$\begin{array}{cccc|c} A_1 & A_2 & \cdots & A_\varrho & 1 \end{array}$$

$$\left(\begin{array}{cccc|c} * & * & \cdots & * & \bar{d}_1 \\ * & * & \cdots & * & \bar{d}_2 \\ \cdots & \cdots & \mathfrak{R} & \cdots & \cdots \\ * & * & \cdots & * & \bar{d}_\varrho \\ \hline * & * & \cdots & * & \bar{k}_\varrho \\ \cdots & \cdots & \mathfrak{S} & \cdots & \cdots \\ * & * & \cdots & * & \bar{k}_2 \\ * & * & \cdots & * & \bar{k}_1 \\ 0 & 0 & \cdots & 0 & 1 \end{array}\right) = \left(\begin{array}{c} d_1 \\ d_2 \\ \cdots \\ d_\varrho \\ \hline k_\varrho \\ \cdots \\ k_2 \\ k_1 \\ 1 \end{array}\right)_N = \mathfrak{x}_N\,. \tag{37}$$

Mit den ϱ-reihigen Matrizen $\mathfrak{R}$ und $\mathfrak{S}$ und den Vektoren

$$\left.\begin{aligned} \mathfrak{a} &= (A_1, A_2, \ldots A_\varrho)\,, \\ \mathfrak{d} &= (d_1, d_2, \ldots. d_\varrho)\,, \\ \mathfrak{k} &= (k_\varrho, k_{\varrho-1}, \ldots k_1) \end{aligned}\right\} \tag{38}$$

können wir dafür kürzer schreiben

$$\mathfrak{R}\,\mathfrak{a} = \mathfrak{d} - \bar{\mathfrak{d}}, \quad \mathfrak{S}\,\mathfrak{a} = \mathfrak{k} - \bar{\mathfrak{k}} \tag{39}$$

und weiter, da $\mathfrak{R}$ stets regulär ist,

$$\mathfrak{a} = \mathfrak{R}^{-1}\,(\mathfrak{d} - \bar{\mathfrak{d}})\,, \tag{40}$$

$$\mathfrak{k} - \bar{\mathfrak{k}} = \mathfrak{S}\,\mathfrak{R}^{-1}\,(\mathfrak{d} - \bar{\mathfrak{d}}) = \mathfrak{C}\,(\mathfrak{d} - \bar{\mathfrak{d}})\,. \tag{41}$$

Die überstrichenen Größen stammen aus der gegebenen Belastung; besteht der Träger aus einem einzigen Feld, so stimmen sie natürlich mit den Lastgrößen der Tabellen 1 und I (1) überein. Die Matrix

$$\mathfrak{S}\,\mathfrak{R}^{-1} = \mathfrak{C} = \left|\begin{array}{cccc} c_{1\varrho} & \cdots & c_{12} & c_{11} \\ c_{2\varrho} & \cdots & c_{22} & c_{12} \\ \cdots & \cdots & \cdots & \cdots \\ c_{\varrho\varrho} & \cdots & c_{2\varrho} & c_{1\varrho} \end{array}\right| \quad (c_{ii} \leq 0) \tag{42}$$

heißt die Federmatrix des Rahmenschnittes N, ihre Reziproke $\mathfrak{C}^{-1}$, falls vorhanden, die Einflußmatrix. Nach dem Satz von *Maxwell-Betti* ist die Federmatrix, wie in (42) bereits ausgedrückt, symmetrisch zur Nebendiagonale; die Elemente c_{ii} sind negativ oder gleich Null. Diese Federmatrix stellt die natürliche Verallgemeinerung der Matrix $\mathfrak{C}$ in (15) dar. Dort waren noch alle ϱ Gleichungen nach (4) entkoppelt. Wollten wir hier aber die elastische Wirkung des abgeschnittenen Rahmenteiles im Punkte N durch eine einzige Feder ersetzen, so müßte diese die Matrix (42) haben, ließe sich also nicht einfach aus Druck- und Drehfedern wie in Abb. 4 zusammensetzen, sondern erst verwirklichen durch ein komplizierteres (gedachtes) Gebilde, das wir als Koppelfeder bezeichnen und nach Abb. 7 symbolisieren wollen. Die auf den Punkt N von der Feder übertragenen Anteile der gegebenen Belastung deutet ein Pfeil an; wir lassen ihn fort, wenn sämtliche überstrichenen Größen in (37) verschwinden.

Da nun gewisse Bauelemente der Praxis immer wieder vorkommen, lohnt es sich, Kataloge von Koppelfedern zusammenzustellen. So zeigt die Tabelle 2 Federmatrizen nebst Kehrmatrizrn $\mathfrak{R}^{-1}$ am einfeldrigen Balken mit konstanter Biegesteifigkeit $E J_y$ für die Paare (M_y, φ) und (Q_z, w). Hier kann man die Lastgrößen direkt aus den Tabellen 1 bzw. I.1 übernehmen; in allen anderen Fällen dagegen muß man sie nach (37) berechnen, da das Katalogisieren von Lastgrößen kaum praktischen Wert besitzt.

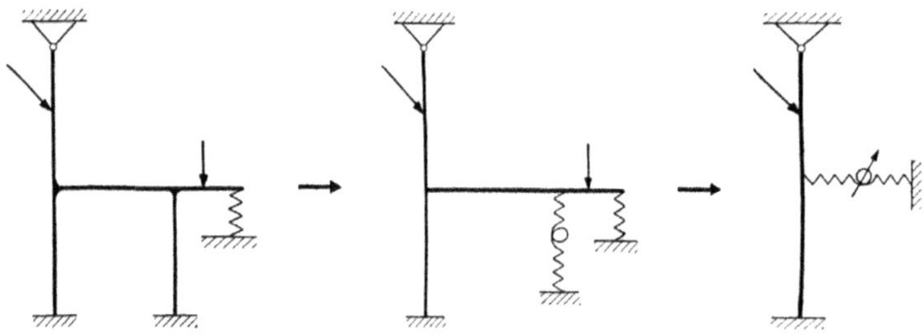

Abb. 8. Zurückführung eines mehrfach verzweigten Rahmens auf einen Durchlaufträger.

7. Das Anfedern von Rahmenteilen. Jetzt sind wir in der Lage, einen beliebigen offenen Rahmen auf eine Anzahl von Durchlaufträgern zurückzuführen: wir erklären irgendeinen durchlaufenden Linienzug des Tragwerkes zum Hauptträger, schneiden sämtliche Seitenzweige ab, ersetzen sie in den Schnittpunkten durch ihre Koppelfedern, deren Matrizen in (15) unten rechts einzutragen sind, und können nun den Hauptträger wie üblich berechnen. Dann aber liegen nach (40) auch die Freigrößen der Seitenzweige fest, womit die Aufgabe gelöst ist. Auch bei mehrfachen Verzweigungen nach Abb. 8 kommt man stets zum Ziel. Bei schiefwinkligen Anschlüssen sind Kraft- und Deformationsgrößen in die Richtungen des Hauptträgers zu zerlegen.

8. Anfedern mit Nebenbedingungen. Bei biegesteifen Anschlüssen sind die Deformationsgrößen des abgeschnittenen Zweiges gleich denen des Hauptträgers, so daß die in diesen eingeleiteten Kraftgrößen als linke Seiten von (41) unmittelbar gegeben sind. Sollen aber z $(1 \leqq z \leqq \varrho)$ der Kraftgrößen fest vorgeschriebene Werte annehmen (etwa die Werte Null wie in den Anschlüssen der Abb. 9), so werden für den Hauptträger auch gerade die z konjugierten Deformationsgrößen des Seitenzweiges bedeutungslos; diese eliminieren wir daher in den Gleichungen (41) mit Hilfe geeigneter Zeilenkombinationen, wodurch eine um die Ordnung z erniedrigte, ebenfalls nebensymmetrische „reduzierte" Federmatrix entsteht. Ähnlich geht man vor, wenn z lineare Bedin-

Tabelle 2. *Federmatrizen für einfeldrige Balken mit konstanter Biegesteifigkeit EJ, Länge l*

Art der Stützung φ_e, M_e $\downarrow w_e, Q_e$	$(\mathfrak{f} - \bar{\mathfrak{f}})_e = \mathfrak{C}\,(\mathfrak{d} - \bar{\mathfrak{d}})_e$ Federmatrix $\mathfrak{C}$	$\mathfrak{c}_a = \mathfrak{R}^{-1}\,(\mathfrak{d} - \bar{\mathfrak{d}})_e$ Matrix $\mathfrak{R}^{-1}$	$\mathfrak{a}_a$ Freie Konstanten
1a: a — e; 1b: e — a	$EJ\begin{pmatrix} \mp 6/l^2 & -4/l \\ -12/l^3 & \mp 6/l^2 \end{pmatrix}$	$EJ\begin{pmatrix} \pm 6/l^2 & +2/l \\ -12/l^3 & \mp 6/l^2 \end{pmatrix}$	$\begin{pmatrix} M \\ Q \end{pmatrix}_a$
2a: a — e; 2b: e — a	$EJ\begin{pmatrix} \mp 3/l^2 & -3/l \\ 3/l^3 & \mp 3/l^2 \end{pmatrix}$	$\begin{pmatrix} \mp 3/2\,l & -1/2 \\ -3\,EJ/l^3 & \mp 3\,EJ/l^2 \end{pmatrix}$	$\begin{pmatrix} \varphi \\ Q \end{pmatrix}_a$
3a: a — e; 3b: e — a	$EJ\begin{pmatrix} 0 & -1/l \\ 0 & 0 \end{pmatrix}$	$\begin{pmatrix} +1 & \pm l/2 \\ 0 & -EJ/l \end{pmatrix}$	$\begin{pmatrix} w \\ M \end{pmatrix}_a$
4a: a — e; 4b: e — a	$\begin{pmatrix} 0 & -C \\ -c & 0 \end{pmatrix}$	$\begin{pmatrix} +1 & \pm l \\ 0 & +1 \end{pmatrix}$	$\begin{pmatrix} w \\ \varphi \end{pmatrix}_a$

Die unteren Vorzeichen in $\mathfrak{C}$ und $\mathfrak{R}^{-1}$ gelten für die Fälle b)

gungsgleichungen zwischen den Kraftgrößen oder noch allgemeiner z Gleichungen zwischen sämtlichen 2ϱ Kraft- und Deformationsgrößen vorgeschrieben sind; doch hat dieser Fall wohl nur theoretisches Interesse.

9. Die Addition (Parallelschaltung) von Koppelfedern. Die freien Enden von p Durchlaufträgern mögen im Punkte H biegesteif miteinander verbunden sein (Abb. 10). Dann gilt für diesen Punkt nach (41), wenn wir uns sämtliche Kraft- und Deformationsgrößen nach gemeinsamen Richtungen zerlegt denken,

$$\sum_{i=1}^{p} (\mathfrak{f} - \bar{\mathfrak{f}}_i) = \sum_{i=1}^{p} \mathfrak{C}_i\,(\mathfrak{d} - \bar{\mathfrak{d}}_i) \tag{43}$$

oder

$$\mathfrak{f}_H = \mathfrak{C}_s\,\mathfrak{d}_H + \bar{\mathfrak{f}}_s \tag{44}$$

mit

$$\mathfrak{C}_s = \sum \mathfrak{C}_i\,, \quad \bar{\mathfrak{f}}_s = \sum (\bar{\mathfrak{f}}_i - \mathfrak{C}_i\,\bar{\mathfrak{d}}_i)\,. \tag{45}$$

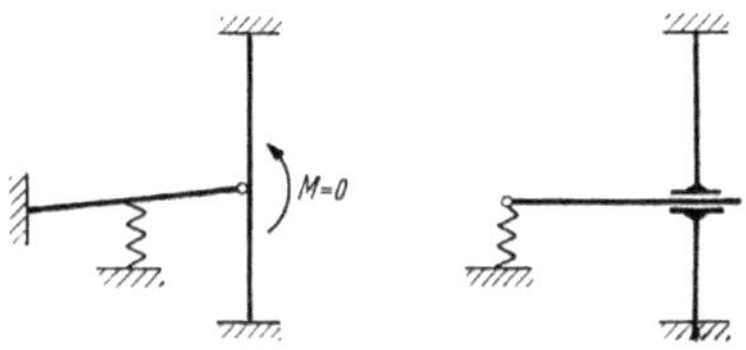

Abb. 9. Rahmenanschlüsse mit Nebenbedingungen.

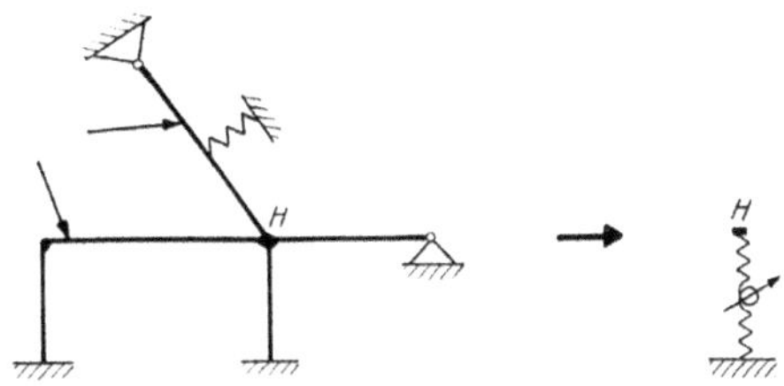

Abb. 10. Ersatz eines offenen Rahmens durch eine Koppelfeder.

Man kann daher den ganzen Rahmen der Abb. 10 durch eine einzige (belastete) Koppelfeder im Punkte H ersetzen, und zwar auch dann, wenn infolge Nebenbedingungen einige oder alle Federmatrizen reduziert sein sollten. Sind insbesondere alle p Zweige unbelastet, so wird einfach

$$\mathfrak{f}_H = (\sum \mathfrak{C}_i)\,\mathfrak{d}_H = \mathfrak{C}_s\,\mathfrak{d}_H\,. \tag{46}$$

Das heißt: die von der gewöhnlichen Druck- und Drehfeder her bekannte Tatsache, daß sich bei Parallelschaltungen die Federkonstanten addieren, überträgt sich auch auf die Federmatrizen. Läßt man jetzt in H gegebene Kraftgrößen $\bar{\bar{\mathfrak{f}}}$ angreifen, so folgt aus der Gleichgewichtsbedingung

$$\bar{\bar{\mathfrak{f}}} + \mathfrak{C}_s\,\mathfrak{d}_H = 0 \tag{47}$$

sofort

$$\mathfrak{d}_H = -\mathfrak{C}_s^{-1}\,\bar{\bar{\mathfrak{f}}}\,, \tag{48}$$

und damit ist nach (41) auch schon der ganze Rahmen berechnet: ein Vorgehen, das in diesem einfachen Falle stark an die Deformationsmethode erinnert. Auch dort werden ja die ϱ aus dem Zusammenhang eliminierten Deformationsgrößen d_{iH} aus ϱ linearen inhomogenen Gleichungen ermittelt.

10. Rahmen mit unverschieblichen Knoten. Sind die Knoten (Feldgrenzen) eines Tragwerkes unverschieblich, so kann man alle Kraft-Verschiebungspaare unterdrücken und allein mit den Momenten-Drehwinkel-Paaren rechnen. Bei ebenen Trägern hat man dann lediglich das Paar (M_y, φ) mit der Leitmatrix (18), in der die w_i verschwinden. Aus der Momentenlinie folgt der Querkraftverlauf durch Ableiten (20), die Biegelinie aus (21).

11. Praktische Durchführung und Beispiele. Das Einflechten der Federkonstanten nach I. (22) ist nun durch die verschränkte Matrizenmultiplikation überflüssig geworden. Um auch die Rechenproben mit in das Schema (34) einzubeziehen, addieren wir zur letzten Zeile der Leitmatix die negativen Summen der ersten 2ϱ Zeilen, so daß die Zeilensummen dieser neuen Matrix gleich Null bzw. Eins sind. Addiert man nun zur letzten Komponente des Vektors $\mathfrak{x}_i$ die Summe seiner ersten 2ϱ-Komponenten, so kommt bei richtiger Rechnung unten in jeder der homogenen, mit einer Freigröße multiplizierten Spalte eine Null, in der inhogenen (Last-) Spalte dagegen eine Eins heraus, gegebenenfalls bis auf vertretbare Abrundungsfehler, die zu streichen sind, denn weiterrechnen darf man natürlich nur mit den Zahlen 0 oder 1. Weitere willkommene Kontrollen stellen die Bedingungen $c_{ii} \leqq 0$ und die Nebensymmetrie der Federmatrizen dar (42). Auch sollte man immer das Gleichgewicht am Tragwerk überprüfen.

Bei ebenen Tragwerken zeichnen wir positive Biegemomente nach oben auf (negative w, Q-Richtung); sie erscheinen dann auf der Zugseite des Balkens. Positive Längskräfte bedeuten Druck-, negative Zugkräfte.

a) Erstes Beispiel. Für ein offenes Tragwerk mit unverschieblichen Knoten (Abb. 11) ist die Einflußlinie für das Biegemoment M_{2_r} unmittelbar rechts vom Pfosten 2 infolge einer wandernden Einzellast P zu berechnen.

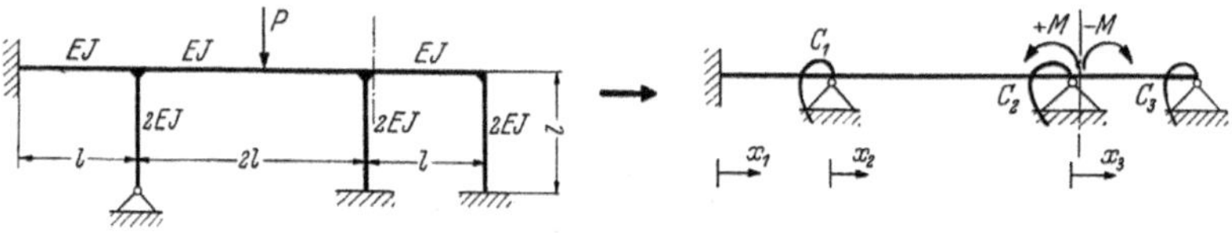

Abb. 11. Rahmen mit wandernder Einzellast, dazu Ersatzträger.

Wir bringen rechts vom Pfosten 2 ein Gelenk an und lassen an ihm ein Momentenpaar $+M$, $-M$ angreifen; aus der dadurch hervorgerufenen Biegelinie $w(x)$ folgt dann bekanntlich

$$M_{2_r} = \frac{w(x)}{-\hat{\varphi}} P, \tag{1.01}$$

wo $\hat{\varphi}$ die Winkeldifferenz (Sprunggröße, Tabelle I,3) im Gelenk und $w(x)$ die Durchbiegung an der Laststelle ist. Da die Knoten unverschieblich sind, rechnen wir mit der Leitmatrix (18), in der alle $w_i = 0$ zu setzen sind. Mit

$$l^* = l\,, \quad P^* = \frac{2\,E\,J}{l^2} \quad \text{d. h. } l = 1\,,\ EJ = \frac{1}{2} \tag{1.02}$$

werden die Drehfederkonstanten der Pfosten nach Tab. 2 (Elemente c_{11} rechts oben)

$$\left.\begin{aligned} &\text{Pfosten 1 (Fall 2a):} && C_1 = 3\,\frac{2\,E\,J}{l} = 3\,,\\ &\text{Pfosten 2 und 3 (Fall 1a):} && C_2 = C_3 = 4\,\frac{2\,E\,J}{l} = 4\,. \end{aligned}\right\} \tag{1.03}$$

Als äußere Belastung haben wir im Feld 2 das Moment $+M = P^* \, l^* = 1$ mit $b = 0$ und im Feld 3 das Moment $-M = -1$ mit $b = l = 1$ (Tabelle 1,3); in die Lastspalte des dritten Feldes ist außerdem die Sprunggröße $\hat{\varphi}$ aufzunehmen. Freigröße ist hier das Einspannmoment M_0. Damit läßt sich das Zahlenschema 1 hinschreiben; die Zeilensummen in den Leitmatrizen sind der Übersichtlichkeit wegen fortgelassen worden. Die Elemente rechts von $\mathfrak{L}_{f2}$ zum Beispiel finden wir so

$$(-2)\cdot(1) + (2)\cdot(-5) + 0 + 0\cdot(^*) = -12\,,$$
$$(1{,}5)\cdot(1) + (-2)\cdot(-5) + 1\cdot 0 + (-4)\cdot(-12) = 59{,}5\,.$$

Die Zwischenbedingung $M_2 = 0$ (Gerbergelenk!) übergehen wir zunächst, rechnen also nach dem erweiterten Verfahren I (8c). Aus den beiden eingerahmten Gleichungen ergibt sich dann zum Schluß

$$\left.\begin{aligned} M_2 &= 59{,}5\,M_0 + 1 \phantom{1\hat{\varphi}} = 0 \to M_0 = -\frac{1}{59{,}5} = -0{,}0168\,,\\ M_3 &= -489\,M_0 + 11\,\hat{\varphi} = 0 \to \ \hat{\varphi} = \frac{489\,M_0}{11} = -0{,}7472\,. \end{aligned}\right\} \tag{1.04}$$

Damit läßt sich nun die rechte (End-) Spalte des Schemas hinschreiben, womit Drehwinkel und Biegemomente für alle Feldgrenzen gegeben sind (Zahlenschema I).

Nach (21) sind jetzt die Biegelinien in allen drei Feldern wegen $w_i = 0$, $l = 1$,

$$\varphi_{2_r} = \varphi_{21} + \hat{\varphi} = 0{,}2017 - 0{,}7472 = -0{,}5455\,, \quad E\,J = \frac{1}{2}$$

$$\left.\begin{aligned} &\text{im Feld 1:} && w(x) = -x\,(1-x)\,[(1+x)\cdot 0 - x(-0{,}0168)] + 0\,,\\ &\text{Feld 2:} && w(x) = -x\left(1-\frac{x}{2}\right)\left[\left(1+\frac{x}{2}\right)(-0{,}0168) - x(0{,}0840)\right] + 0\,,\\ &\text{Feld 3:} && w(x) = -x\,(1-x)\,[(1+x)\,(-0{,}5455) - x\cdot 0] + [(-1)\,x^2 - x^3(-1)\,1^2]\,. \end{aligned}\right\} \tag{1.05}$$

Zahlenschema 1

$$
\begin{array}{llcccc}
 & & \multicolumn{2}{c}{\begin{array}{cc} M_0 & 1 \end{array}} & & \\
 & & \begin{pmatrix} 0 & 0 \\ 1 & 0 \\ 0 & 1 \end{pmatrix} & \begin{pmatrix} 0 \\ -0{,}0168 \\ 1 \end{pmatrix} & = & \begin{pmatrix} \varphi_0 \\ M_0 \\ 1 \end{pmatrix} \\
\mathfrak{L}_{f1} & \left(\begin{array}{ccc|c} -2 & 1 & 0 & 0 \\ 3 & -2 & 0 & -3 \\ 0 & 0 & 1 & 0 \end{array}\right) & \begin{pmatrix} 1 & 0 \\ -5 & 0 \\ 0 & 1 \end{pmatrix} & \begin{pmatrix} -0{,}0168 \\ 0{,}0840 \\ 1 \end{pmatrix} & = & \begin{pmatrix} \varphi_1 \\ M_1 \\ 1 \end{pmatrix} \\
\mathfrak{L}_{f2} & \left(\begin{array}{ccc|c} -2 & 2 & 0 & 0 \\ 1{,}5 & -2 & 1 & -4 \\ 0 & 0 & 1 & 0 \end{array}\right) & \begin{pmatrix} -12 & 0 \\ \boxed{59{,}5} & \boxed{1} \\ 0 & 1 \end{pmatrix} & \begin{pmatrix} 0{,}2017 \\ 0{,}0000 \\ 1 \end{pmatrix} & = & \begin{pmatrix} \varphi_{2l} \\ M_2 \\ 1 \end{pmatrix} \\
\mathfrak{L}_{f3} & \left(\begin{array}{ccc|c} -2 & 1 & -2\hat\varphi - 1 & 0 \\ 3 & -2 & 3\varphi + 2 & -4 \\ 0 & 0 & 1 & 0 \end{array}\right) & \begin{pmatrix} 83{,}5 & -2\hat\varphi \\ \boxed{-489} & \boxed{11\hat\varphi} \\ 0 & 1 \end{pmatrix} & \begin{pmatrix} 0{,}0910 \\ 0{,}0000 \\ 1 \end{pmatrix} & = & \begin{pmatrix} \varphi_3 \\ M_3 \\ 1 \end{pmatrix}
\end{array}
$$

Das nach (1.01) durch $-\hat\varphi = 0{,}7472$ dividiert und geordnet gibt

$$
\left.\begin{array}{l}
\text{Feld 1: } M_{2r} = (0{,}0225\,\xi^3 - 0{,}0225\,\xi^2)\,P\,l\,, \\
\text{Feld 2: } M_{2r} = (-0{,}0618\,\xi^3 + 0{,}1124\,\xi^2 + 0{,}0225\,\xi)\,P\,l\,, \\
\text{Feld 3: } M_{2r} = (0{,}6085\,\xi^3 - 1{,}3383\,\xi^2 + 0{,}7301\,\xi)\,P\,l\,.
\end{array}\right\}\quad \left(\xi = \frac{x}{l}\right) \tag{1.06}
$$

Den Funktionsverlauf zeigt Abb. 12.

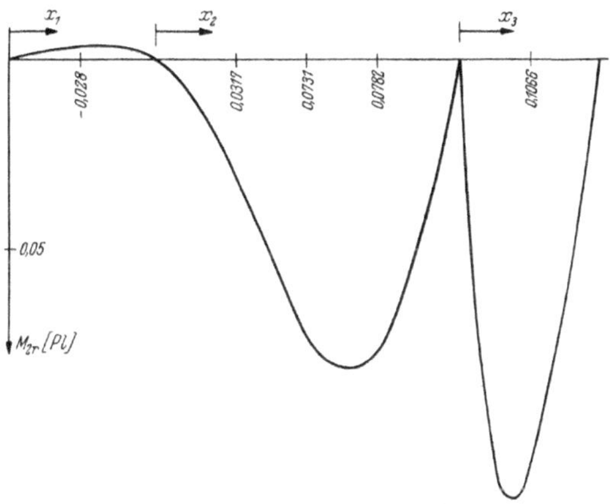

Abb. 12. Momenten-Einflußlinie für den Rahmen der Abb. 11.

b) Zweites Beispiel. Das offene verzweigte Tragwerk von Abb. 13 ist zu berechnen. Wie ist die Rechnung abzuändern, wenn die Anschlüsse in B und C nicht biegesteif, sondern gelenkig sein sollen? Das Tragwerk sei in Längsrichtung starr ($1/EF = 0$), die Biegesteifigkeit des Mittelpfostens $ABCD$ sei $2\,EJ$, die aller übrigen Felder EJ. Gegebene Werte sind

$$
\left.\begin{array}{l} l = 2{,}00\text{ m}\,, \quad EJ = 80\text{ tm}^2\,, \\ q = 11\text{ t/m} \end{array}\right\} \tag{2.01}
$$

oder mit $l^* = l$, $P^* = 2\,EJ/l^2$, und wenn wir im Hinblick auf die Nenner in Tabelle I,1 vorerst

$$q^* = 24\,P^*/l^* = 480\text{ t/m}$$

wählen,

$$l = 1\,,\quad EJ = 1/2\,,\quad q = 24\,,\quad \text{d.h. } P^* = q\,l/24\,,\quad P^*\,l^* = q\,l^2/24\,. \tag{2.02}$$

Das Schema der Anfederung zeigt die Abb. 13 rechts.

1. Berechnung des Zweiges I nach Abb. 14. Die Anschlußkräfte und -momente der Pfosten 12 und 13 finden wir in Tabelle 2, Fall 1a vor; da beide Pfosten unbelastet sind, verschwinden die $\sim$-Glieder, und es verbleibt

$$
\begin{pmatrix} M \\ Q \end{pmatrix}_{ie} = EJ\begin{pmatrix} -6/l^2 & -4/l \\ -12/l^3 & -6/l^2 \end{pmatrix}\begin{pmatrix} w \\ \varphi \end{pmatrix}_{ie} = \begin{pmatrix} -3 & -2 \\ -6 & -3 \end{pmatrix}\begin{pmatrix} w \\ \varphi \end{pmatrix}_{ie} = \begin{pmatrix} -3\,w & -2\,\varphi \\ -6\,w & -3\,\varphi \end{pmatrix}_{ie} (i = 12{,}13). \tag{2.03}
$$

Der Pfosten 11 ist gelenkig angeschlossen (Nebenbedingung!) wir eliminieren daher den Winkel φ_{11}, indem wir die mit $-1{,}5$ multiplizierte erste Zeile der Federmatrix (2.03) zur zweiten addieren und $M_{11} = 0$ setzen.

$$
\begin{pmatrix} M - \tilde M \\ Q - \tilde Q \end{pmatrix}_{11} = \begin{pmatrix} -3 & -2 \\ -6 & -3 \end{pmatrix} \quad \begin{pmatrix} w - \tilde w \\ \varphi - \tilde\varphi \end{pmatrix}_{11} \cdot (-1{,}5) \tag{2.04}
$$

$$
(Q - \tilde Q)_{11} - 1{,}5(0 - \tilde M_{11}) = -1{,}5(w - \tilde w)_{11} \quad \rightarrow \quad Q_{11} = (\tilde Q - 1{,}5\,\tilde M + 1{,}5\,\tilde w)_{11} - 1{,}5\,w_{11}
$$

oder mit den Werten aus Tabelle I,1, Spalte 3 und aus Formel (2.02)

$$Q_{11} = (24 - 1{,}5 \cdot 24/2 + 1{,}5 \cdot 24/12) - 1{,}5\, w_{11} = 9 - 1{,}5\, w_{11}\,. \tag{2.05}$$

Da die w,Q-Richtungen der Pfosten mit der (L, u)-Richtung des waagerechten Trägers I zusammenfallen, setzen wir in (2.03) und (2.05) $w_{11} = w_{12} = w_{13} = u_3$, ferner $\varphi_{12} = \varphi_1$, $\varphi_{13} = \varphi_2$ und bekommen als eingeleitete Kraftgrößen (die eingeklammerten Werte übersehen wir vorerst)

$$\left.\begin{aligned} M_{11} &= 0 &, \quad Q_{11} &= 9 - 1{,}5\, u_3 & &(= -8{,}467)\,, \\ M_{12} &= -3\,u_3 - 2\,\varphi_1\ (= -0{,}721) &, \quad Q_{12} &= -6\,u_3 - 3\,\varphi_1 & &(= -1{,}614)\,, \\ M_{13} &= -3\,u_3 - 2\,\varphi_2\ (= -0{,}832) &, \quad Q_{13} &= -6\,u_3 - 3\,\varphi_2 & &(= -1{,}781)\,. \end{aligned}\right\} \tag{2.06}$$

$$L_3 = \sum Q_i = 9 - 13{,}5\,u_3 - 3\,(\varphi_1 + \varphi_2)\ (= 5{,}072)\,. \tag{2.07}$$

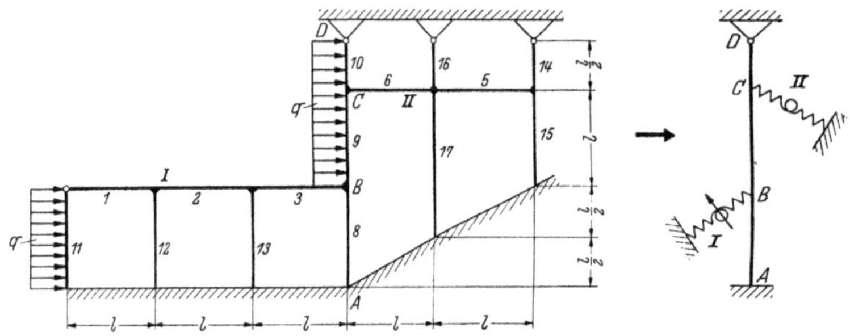

Abb. 13. Mehrfach verzweigter offener Rahmen mit Hauptträger.

Somit hat der Zweig I das Aussehen der Abb. 14, rechts. Wir unterdrücken die Paare (L, u) und (Q, w) und rechnen mit den Leitmatrizen (18), wobei die $w_i = 0$ zu setzen sind. Unten rechts im Zahlenschema 2.I finden wir neben $\mathfrak{L}_{f3}$ die beiden Gleichungen

$$-64\,\varphi_0 + 15\,u_3 = \varphi_3\,; \quad 117\,\varphi_0 - 27\,u_3 = M_3$$

vor und berechnen daraus

$$M_3 = -1{,}828\ \ \varphi_3 + 0{,}422\ \ u_3\,, \tag{2.08}$$

$$\varphi_0 = -0{,}0156\,\varphi_3 + 0{,}2344\,u_3\,. \tag{2.09}$$

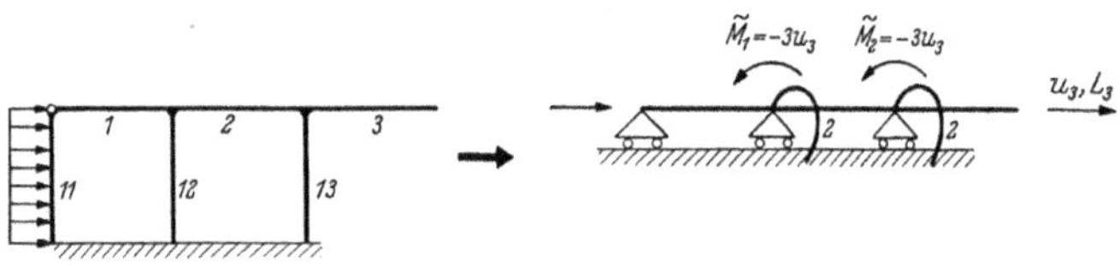

Abb. 14. Teil I des Rahmens von Abb. 13.

Mit den Werten $\varphi_1 = -2\,\varphi_0$, $\varphi_2 = 11\,\varphi_0 - 3\,u_3$ aus dem Schema 2.I wird nun nach (2.07) und (2.09)

$$\begin{aligned} L_3 - 9 &= -13{,}5\,u_3 - 3\,(9\,\varphi_0 - 3\,u_3) = -4{,}5\,u_3 - 27\,(-0{,}0156\,\varphi_3 + 0{,}2344\,u_3) \\ &= -10{,}828\,u_3 + 0{,}422\,\varphi_3\,, \end{aligned} \tag{2.10}$$

und das gibt zusammen mit (2.08)

$$\begin{pmatrix} M_3 \\ L_3 - 9 \end{pmatrix} = \begin{pmatrix} 0{,}422 & -1{,}828 \\ -10{,}828 & 0{,}422 \end{pmatrix} \begin{pmatrix} u_3 \\ \varphi_3 \end{pmatrix}. \tag{2.11}$$

Wie nach (42) zu erwarten, ist diese Federmatrix nebensymmetrisch; die Elemente c_{ii} sind negativ.

2. **Berechnung des Zweiges II.** Wir stellen den abgeschnittenen Zweig auf den Kopf, damit das freie Ende rechts liegt (Abb. 15), was zwar nicht unbedingt notwendig, aber für die Anschauung bequem ist. Für die Pfosten 14 und 16 wird nach Tabelle 2, 2a

$$\mathfrak{S}_{14} = \mathfrak{S}_{16} = \frac{1}{2}\begin{pmatrix} -3/0{,}5^2 & -3/0{,}5 \\ -3/0{,}5^3 & -3/0{,}5^2 \end{pmatrix} = \begin{pmatrix} -6 & -3 \\ -12 & -6 \end{pmatrix} \tag{2.12}$$

und für die Pfosten 15 und 17 nach Tabelle 2, 1b):

$$\left.\begin{aligned}\mathfrak{C}_{15} &= \frac{1}{2}\begin{pmatrix} 6 & -4 \\ -12 & 6\end{pmatrix} = \begin{pmatrix} 3 & -2 \\ -6 & 3\end{pmatrix}\\ \mathfrak{C}_{17} &= \frac{1}{2}\begin{pmatrix} 6/1{,}5^2 & -4/1{,}5 \\ -12/1{,}5^3 & 6/1{,}5\end{pmatrix} = \begin{pmatrix} 4/3 & -4/3 \\ -16/9 & 4/3\end{pmatrix}\end{aligned}\right\} \qquad (2.13)$$

Da Belastungsglieder nicht vorhanden sind und wegen $w_{14} = w_{15} = w_{16} = w_{17} = u_6$, ferner $\varphi_{14} = \varphi_{15} = \varphi_4$, $\varphi_{16} = \varphi_{17} = \varphi_5$ sind die in den Punkten 4 und 5 in den Träger II eingeleiteten Kraftgrößen

$$\left.\begin{aligned} M_{14} &= -6\,u_6 - 3\,\varphi_4\,(= 6{,}954); & Q_{14} &= -12\,u_6 - 6\,\varphi_4\,(= 13{,}908)\,,\\ M_{15} &= 3\,u_6 - 2\,\varphi_4\,(= -5{,}499); & Q_{15} &= -6\,u_6 + 3\,\varphi_4\,(= 10{,}420)\,,\\ M_{16} &= -6\,u_6 - 3\,\varphi_5\,(= 7{,}787); & Q_{16} &= -12\,u_6 - 6\,\varphi_5\,(= 15{,}574)\,,\\ M_{17} &= \frac{4}{3}u_6 - \frac{4}{3}\varphi_5\,(= -2{,}330); & Q_{17} &= -\frac{19}{6}u_6 + \frac{4}{3}\varphi_5\,(= 2{,}974)\,. \end{aligned}\right\} \qquad (2.14)$$

$$L_6 = \sum Q_i = -31\frac{7}{9}u_6 - 3\,\varphi_4 - 4\frac{2}{3}\varphi_5\,(= 42{,}876)\,. \qquad (2.15)$$

Die Drehfederkonstanten sind demnach $C_4 = 3 + 2 = 5$ und $C_5 = 3 + 4/3 = 13/3$ (Abb. 15 rechts). Das Zahlenschema 2.II liefert die beiden Gleichungen

$$57\frac{1}{3}\varphi_4 + 20\frac{1}{3}u_6 = \varphi_6\,;$$

$$-107\frac{2}{3}\varphi_4 - 37\frac{2}{3}u_6 = M_6\,,$$

das heißt

$$M_6 = -1{,}878\,\varphi_6 + 0{,}517\,u_6\,, \qquad (2.16)$$

$$\varphi_4 = 0{,}0174\,\varphi_6 - 0{,}355\,u_6\,. \qquad (2.17)$$

Nun setzen wir in (2.15) ein und erhalten

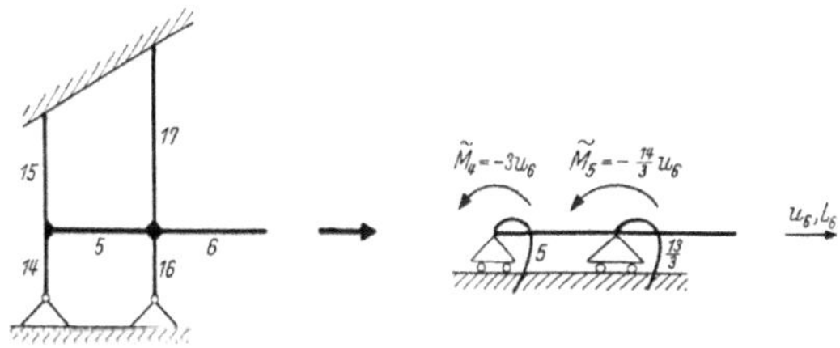

Abb. 15. Teil II des Rahmens von Abb. 13.

$$\begin{aligned} L_6 &= -31{,}778\,u_6 - 3\,\varphi_4 - 4{,}667\,(-7\,\varphi_4 - 3\,u_6)\\ &= -17{,}778\,u_6 + 29{,}667\,(0{,}0174\,\varphi_6 - 0{,}355\,u_6) = -28{,}299\,u_6 + 0{,}517\,\varphi_6\,, \end{aligned} \qquad (2.18)$$

also zusammen mit (2.16)

$$\begin{pmatrix} M_6 \\ L_6 \end{pmatrix} = \begin{pmatrix} 0{,}517 & -1{,}878 \\ -28{,}299 & 0{,}517 \end{pmatrix}\begin{pmatrix} u_6 \\ \varphi_6 \end{pmatrix}, \qquad (2.19)$$

Zahlenschema 2.I

$$\begin{array}{cc} \varphi_0 & 1 \end{array}$$

$$\begin{pmatrix} 1 & 0 \\ 0 & 0 \\ 0 & 1 \end{pmatrix} \quad \begin{pmatrix} 0{,}0863 \\ 0 \\ 1 \end{pmatrix} = \mathfrak{f}_0\,,$$

$$\mathfrak{L}_{f1}\left(\begin{array}{ccc|c} -2 & 1 & 0 & 0 \\ 3 & -2 & -3\,u_3 & -2 \\ -1 & 1 & 1 + 3\,u_3 & 2 \end{array}\right) \quad \begin{pmatrix} -2 & 0 \\ 7 & -3\,u_3 \\ 0 & 1 \end{pmatrix} \quad \begin{pmatrix} -0{,}173 \\ -0{,}462 \\ 1 \end{pmatrix} = \mathfrak{f}_1\,,$$

$$\mathfrak{L}_{f2}\left(\begin{array}{ccc|c} -2 & 1 & 0 & 0 \\ 3 & -2 & -3\,u_3 & -2 \\ -1 & 1 & 1 + 3\,u_3 & 2 \end{array}\right) \quad \begin{pmatrix} 11 & -3\,u_3 \\ -42 & 9\,u_3 \\ 0 & 1 \end{pmatrix} \quad \begin{pmatrix} -0{,}117 \\ -0{,}426 \\ 1 \end{pmatrix} = \mathfrak{f}_2\,,$$

$$\mathfrak{L}_{f3}\begin{pmatrix} -2 & 1 & 0 \\ 3 & -2 & 0 \\ -1 & 1 & 1 \end{pmatrix} \quad \begin{pmatrix} -64 & 15\,u_3 \\ 117 & -27\,u_3 \\ 0 & 1 \end{pmatrix} \quad \begin{pmatrix} -0{,}193 \\ 0{,}503 \\ 1 \end{pmatrix} = \mathfrak{f}_3\,,$$

3. Berechnung des Hauptträgers *ABCD*. Nach Abb. 16 ist in den Anschlußpunkten *B* und *C* zu setzen

$$u_3 = w_8\,,\quad w_3 = 0\,,\quad \varphi_3 = \varphi_8;\quad u_6 = -w_9\,,\quad w_6 = 0\,,\quad \varphi_6 = \varphi_9\,. \qquad (2.20)$$

$$\textit{Zahlenschema 2.II} \qquad \begin{matrix} \varphi_4 & 1 \end{matrix}$$

$$\begin{pmatrix} 1 & 0 \\ -5 & -3\,u_6 \\ 0 & 1 \end{pmatrix} \begin{pmatrix} 0{,}578 \\ 1{,}455 \\ 1 \end{pmatrix} = \mathfrak{f}_4\,,$$

$$\mathfrak{L}_{f5} \begin{pmatrix} -2 & 1 & 0 & \vdots & 0 \\ 3 & -2 & \frac{-14}{3}\,u_6 & \vdots & -13/3 \\ -1 & 1 & 1+\frac{14}{3}\,u_6 & \vdots & 13/3 \end{pmatrix} \begin{pmatrix} -7 & -3\,u_6 \\ 43\frac{1}{3} & 14\frac{1}{3}\,u_6 \\ 0 & 1 \end{pmatrix} \begin{pmatrix} 0{,}300 \\ 4{,}279 \\ 1 \end{pmatrix} = \mathfrak{f}_5\,,$$

$$\mathfrak{L}_{f6} \begin{pmatrix} -2 & 1 & 0 \\ 3 & -2 & 0 \\ -1 & 1 & 1 \end{pmatrix} \qquad \begin{pmatrix} 57\frac{1}{3} & 20\frac{1}{3}\,u_6 \\ -107\frac{2}{3} & -37\frac{2}{3}\,u_6 \\ 0 & 1 \end{pmatrix} \begin{pmatrix} 3{,}681 \\ -7{,}660 \\ 1 \end{pmatrix} = \mathfrak{f}_6\,,$$

Somit wird aus (2.11) und (2.19), wenn wir beachten, daß $-L_6$ (nicht $+L_6$) mit der positiven Q, w-Richtung des Hauptträgers zusammenfällt,

$$\begin{pmatrix} M_3 \\ L_3 - 9 \end{pmatrix} = \begin{pmatrix} 0{,}422 & -1{,}828 \\ -10{,}828 & 0{,}422 \end{pmatrix} \begin{pmatrix} w_8 \\ \varphi_8 \end{pmatrix}; \quad \begin{pmatrix} M_6 \\ -L_6 \end{pmatrix} = \begin{pmatrix} -0{,}517 & -1{,}878 \\ -28{,}299 & -0{,}517 \end{pmatrix} \begin{pmatrix} w_9 \\ \varphi_9 \end{pmatrix}. \tag{2.21}$$

Diese beiden Federmatrizen sind daher in $\mathfrak{L}_8$ und $\mathfrak{L}_9$ (Schema 2.III) einzusetzen. Aus den eingerahmten Bedingungsgleichungen $\varphi_{10} = 0$ und $M_{10} = 0$ berechnen wir die beiden Freigrößen zu

$$M_7 = 1{,}7452\,, \quad Q_7 = -3{,}1044 \tag{2.22}$$

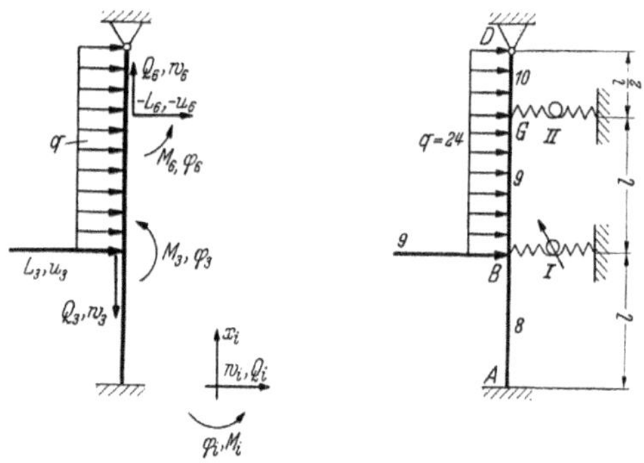

Abb. 16. Mittelpfosten *ABCD* des Rahmens von Abb. 13.

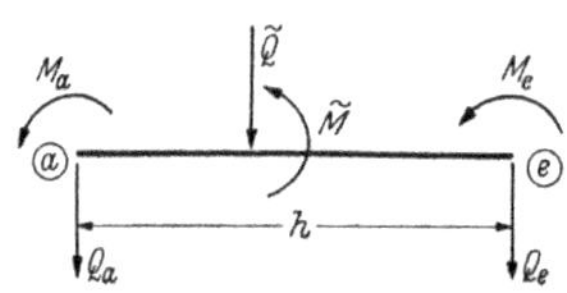

Abb. 17. Gerader Balken mit Kraftgrößen.

und wiederholen mit dem nun bekannten Anfangsvektor $\mathfrak{y}_7$ die Rechnung; in der Tat wird $w_{10} = 0$, $M_{10} = 0$, wie es sein muß.

4. Jetzt gehen wir zu den abgeschnittenen Zweigen zurück. Für die beiden Zahlenschemata 2.I und 2.II brauchen wir als erstes die Werte u_3, φ_0 bzw. u_6, φ_4. Aus dem Schema 2.III bekommen wir nach (2.20) zunächst

$$w_8 = u_3 = 0{,}355; \qquad \varphi_8 = \varphi_3 = -0{,}193\,, \tag{2.23}$$

$$-w_9 = u_6 = -1{,}448; \qquad \varphi_9 = \varphi_6 = 3{,}680\,, \tag{2.24}$$

weiter aus (2.09) und (2.17)

$$\varphi_0 = -0{,}0156\,(-0{,}193) + 0{,}2344\,(0{,}355) = 0{,}0863\,, \tag{2.25}$$

$$\varphi_4 = \quad 0{,}0174\,(3{,}680) - 0{,}355 \cdot (-1{,}448) = 0{,}5777\,, \tag{2.26}$$

berechnen damit alle Werte φ_i, M_i in 2.I und 2.II und ebenso die von den Pfosten in die waagerechten Träger eingeleiteten [in (2.06) und (2.14) eingeklammerten] Kraftgrößen. Da diese aber gleich der im Anschlußpunkt reduzierten Gesamtbelastung eines jeden Pfosten sind, findet man deren Reaktionen Q_a und M_a in den Einspannungen bzw. Gelenken und daraus Querkräfte und Biegemomente der Pfosten nach Abb. 17 auf folgende Weise:

$$Q_a = Q_e - \tilde{Q}\,, \quad M_a = M_e - (Q_e - \tilde{Q})\,h - \tilde{M}\,, \tag{2.27}$$

zum Beispiel für die Pfosten 11, 12 und 16

$$\left.\begin{aligned} &\left\{\begin{aligned} Q_{11a} &= Q_{11e} - 24 = 8{,}467 - 24 = -15{,}533\,, \\ Q_{12a} &= Q_{12e} - 0 = -1{,}614\,, \\ Q_{16a} &= Q_{16e} - 0 = 15{,}574\,, \end{aligned}\right. \\ &\left\{\begin{aligned} M_{11a} &= M_{11e} - (Q_{11e} - 24)\cdot 1 - 12 = 0 - 8{,}467 + 12 = 3{,}533\,, \\ M_{12a} &= M_{12e} - Q_{12e}\cdot 1 = -0{,}721 + 1{,}614 = 0{,}893 \\ M_{16a} &= M_{16e} - Q_{16e}/2 = 7{,}787 - 15{,}574/2 = 0\,. \end{aligned}\right. \end{aligned}\right\} \tag{2.28}$$

Schließlich gibt die Gleichung (20), die hier infolge der fehlenden Belastung übergeht in

$$Q_i = \text{const} = \frac{1}{l_i}(M_i - M_{i-1})\,, \tag{2.29}$$

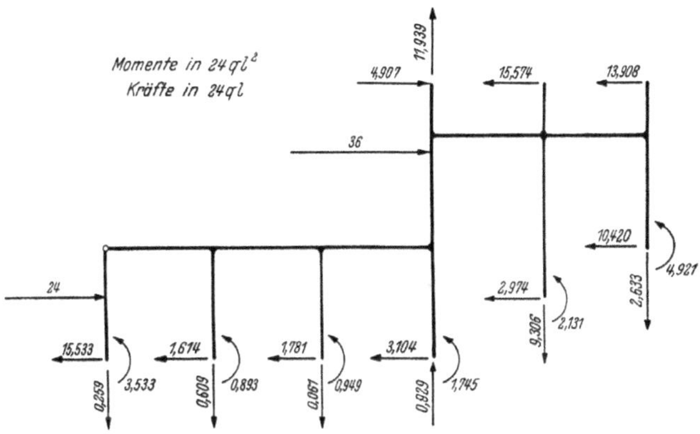

Abb. 18. Gleichgewichtssystem am Tragwerk von Abb. 13.

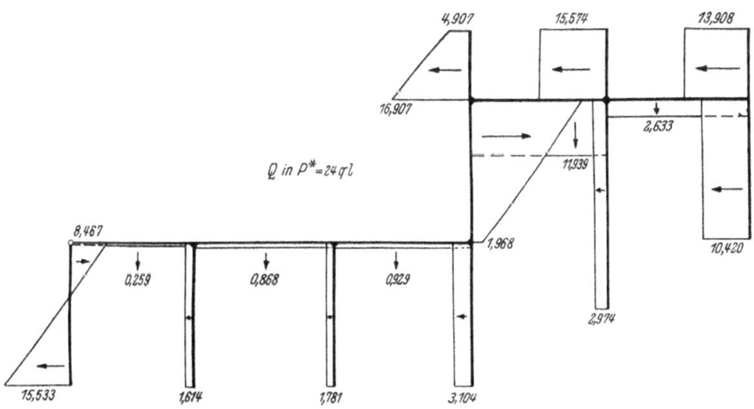

Abb. 19. Querkraftverlauf für das Tragwerk von Abb. 13.

den Querkraftverlauf der Träger I und II und damit auch die senkrechten Auflagerkräfte, d. h. die Längskräfte in den Pfosten. Anhand der Abb. 18 bestätigt man leicht, daß die Gleichgewichtsbedingungen erfüllt sind. Die Abb. 19 und 20 zeigen Querkraft- und Momentenverlauf, und zwar in den Dimensionen $P^* = q\,l/24$ und $P^*\,l^* = q\,l^2/24$ für beliebige Werte von q und l. Die Dimensionen der Drehwinkel und Verschiebungen sind 1 und $l^* = l$. Nach (2.01) müssen wir diese Werte bei der gegebenen Belastung noch mit $11/480 = 0{,}0229$ multiplizieren. Beispielsweise hat die waagerechte Verschiebung des Zweiges I, nämlich $u_3 = w_8 = 0{,}355\,l^*$ (2.23) die wahre Größe

$$0{,}0229 \cdot 0{,}355 \cdot 200\ \text{cm} = 1{,}63\ \text{cm}.$$

5. Sollen nun die Zweige I und II in B und C gelenkig angeschlossen werden, so ist in den Federmatrizen (2.11) und (2.19) $M_3 = 0$ bzw. $M_6 = 0$ zu setzen. Addiert man die mit passenden Vielfachen multiplizierten ersten Zeilen zu den zweiten, so daß φ_3 bzw. φ_6 herausfällt, so wird

$$\begin{pmatrix} 0 \\ L_3 - 9 \end{pmatrix} = \begin{pmatrix} 0,422 & -1,828 \\ -10,731 & 0,0000 \end{pmatrix} \begin{pmatrix} u_3 \\ \varphi_3 \end{pmatrix}, \quad \begin{pmatrix} 0 \\ L_6 \end{pmatrix} = \begin{pmatrix} 0,527 & -1,878 \\ -28,157 & 0,000 \end{pmatrix} \begin{pmatrix} u_6 \\ \varphi_6 \end{pmatrix}, \tag{2.30}$$

also nach (2.20)

$$\left.\begin{aligned} L_3 = \widetilde{Q}_8 &= 9 - 10,731\, w_8\,, & \varphi_3 = (\neq \varphi_8) &= \frac{0,422}{1,828}\, w_8 = 0,231\, w_8\,, \\ -L_6 = \widetilde{Q}_9 &= -28,157\, w_9\,, & \varphi_6 = (\neq \varphi_9) &= \frac{-0,517}{1,878}\, w_9 = -0,275\, w_9\,. \end{aligned}\right\} \tag{2.31}$$

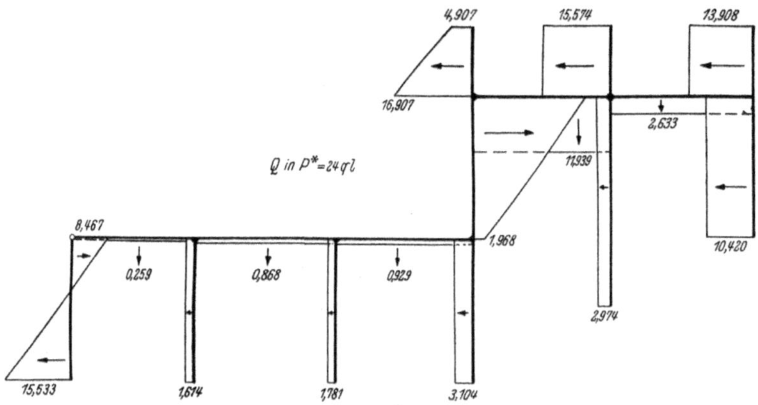

Abb. 19. Querkraftverlauf für das Tragwerk von Abb. 13.

Zahlenschema 2.III

$$\begin{matrix} M_7 & Q_7 & 1 \end{matrix}$$

$$\begin{pmatrix} 0 & 0 & 0 \\ 0 & 0 & 0 \\ 1 & 0 & 0 \\ 0 & 1 & 0 \\ 0 & 0 & 1 \end{pmatrix} \begin{pmatrix} 0 \\ 0 \\ 1,7452 \\ -3,1044 \\ 1 \end{pmatrix} = \mathfrak{y}_7,$$

$$\mathfrak{L}_8 \left(\begin{array}{rrrrr|rr} 1 & -1 & 1/2 & 1/6 & 0 & 0 & 0 \\ 0 & 1 & -1 & -1/2 & 0 & 0 & 0 \\ 0 & 0 & 1 & 1 & 0 & 0,422 & -1,828 \\ 0 & 0 & 0 & 1 & 9 & -10,828 & 0,422 \\ -1 & 0 & -1/2 & -5/3 & -8 & 10,506 & 1,406 \end{array}\right) \begin{pmatrix} 0,5 & 0,167 & 0 \\ -1 & -0,5 & 0 \\ 3,039 & 1,984 & 0 \\ -5,836 & -1,016 & 9 \\ 0 & 0 & 1 \end{pmatrix} \begin{pmatrix} 0,355 \\ -0,193 \\ -0,857 \\ 1,968 \\ 1 \end{pmatrix} = \mathfrak{y}_8,$$

$$\mathfrak{L}_9 \left(\begin{array}{rrrrr|rr} 1 & -1 & 1/2 & 1/6 & 1 & 0 & 0 \\ 0 & 1 & -1 & -1/2 & 4 & 0 & 0 \\ 0 & 0 & 1 & 1 & 12 & -0,517 & -1,878 \\ 0 & 0 & 0 & 1 & 24 & -28,299 & -0,517 \\ -1 & 0 & -1/2 & -5/3 & -40 & -28,816 & 2,395 \end{array}\right) \begin{pmatrix} 2,047 & 1,490 & 2,5 \\ -1,121 & -1,977 & -0,5 \\ -1,750 & 3,910 & 20,646 \\ -63,181 & -42,147 & -37,489 \\ 0 & 0 & 1 \end{pmatrix} \begin{pmatrix} 1,448 \\ 3,680 \\ 5,453 \\ -16,907 \\ 1 \end{pmatrix} = \mathfrak{y}_9,$$

$$\mathfrak{L}_{10} \begin{pmatrix} 1 & -1/2 & 1/8 & 1/48 & 1/16 \\ 0 & 1 & -1/2 & -1/8 & 1/2 \\ 0 & 0 & 1 & 1/2 & 3 \\ 0 & 0 & 0 & 1 & 12 \\ -1 & -1/2 & -5/8 & -1,396 & \ldots \end{pmatrix} \qquad \begin{pmatrix} \boxed{1,072 \quad 2,089 \quad 4,612} \\ \ldots\ldots \quad \ldots\ldots \quad \ldots\ldots \\ \boxed{-33,340 \quad -17,163 \quad 4,902} \\ \ldots\ldots \quad \ldots\ldots \quad \ldots\ldots \\ 0 \quad 0 \quad 1 \end{pmatrix} \begin{pmatrix} 0,000 \\ 3,566 \\ 0,000 \\ -4,907 \\ 1 \end{pmatrix} = \mathfrak{y}_{10}.$$

Man hat daher die Federmatrizen (2.21) in $\mathfrak{L}_8$ bzw. $\mathfrak{L}_9$ zu ersetzen durch

$$\begin{pmatrix} 0 & 0 \\ -10,731 & 0 \end{pmatrix} \text{ bzw. } \begin{pmatrix} 0 & 0 \\ -28,157 & 0 \end{pmatrix}. \tag{2.32}$$

Die beiden Koppelfedern in B und C (Abb. 16) sind somit in gewöhnliche horizontal wirkende Druckfedern entartet. Von Formel (2.21) an ist die Rechnung mit neuen Zahlenwerten zu wiederholen. Für die Praxis besonders angenehm ist der Umstand, daß die beiden Federmatrizen (2.11) und (2.19) von zwei Rechnern gleichzeitig und unabhängig ermittelt und kontrolliert werden können. Von der absoluten Überlegenheit der hier gezeigten Methode überzeugt man sich am besten, wenn man die Aufgabe nach dem üblichen Eliminationsverfahren zu rechnen versucht; das Tragwerk ist 18fach statisch, bzw. 13fach geometrisch überbestimmt.

c) Drittes Beispiel. Gegeben ist das symmetrische und symmetrisch belastete offene Tragwerk von Abb. 21. Alle Stäbe seien in Längsrichtung starr. Man ermittle Querkraft-, Längskraft- und Biegemomentenverlauf.

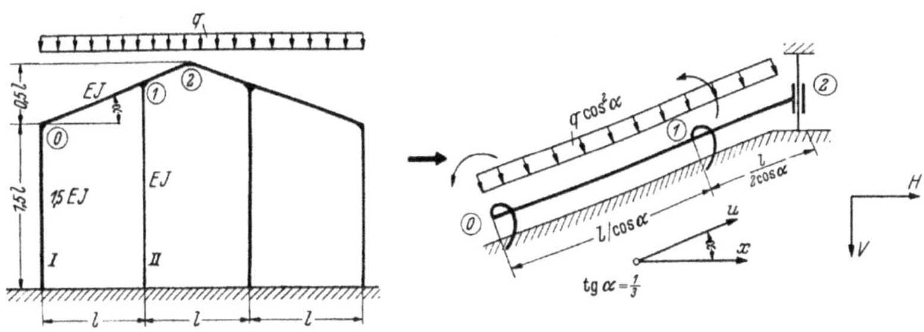

Abb. 21. Offener symmetrischer Rahmen mit symmetrischer Belastung, dazu Ersatzträger.

Aus Symmetriegründen können wir uns auf die linke Hälfte des Tragwerkes beschränken. Die Bedingungen im Mittelschnitt 2 lauten dann (H und V sind Horizontal- bzw. Vertikalkräfte)

$$\varphi_2 = 0 , \tag{3.01}$$

$$x_2 = w_2 \sin\alpha + u_2 \cos\alpha = 0 \;\rightarrow\; w_2 = -\, u_2 \operatorname{cotg}\alpha , \tag{3.02}$$

$$V_2 = Q_2 \cos\alpha - L_2 \sin\alpha = 0 \;\rightarrow\; Q_2 = (L_2/\cos\alpha)\sin\alpha = H_2 \sin\alpha . \tag{3.03}$$

Infolge der Längsstarrheit ist $u_0 = u_1 = u_2 = u$, $w_0 = w_1 = u \operatorname{tg}\alpha$, $w_2 = -\, u \operatorname{cotg}\alpha$, also

$$w_0 - w_1 = 0 , \quad w_1 - w_2 = u \operatorname{tg}\alpha + u \operatorname{ctg}\alpha = u\left(\frac{1}{3} + 3\right) = \frac{10}{3}\, u . \tag{3.04}$$

Ebenso wie im zweiten Beispiel unterdrücken wir die Paare (L,u) und (Q,w), ersetzen die beiden Pfosten I und II durch Koppelfedern und zerlegen die senkrecht wirkende Belastung in ihre beiden Anteile $q\cos^2\alpha$ und $q\sin\alpha\cos\alpha$. Mit den Vergleichsgrößen

$$l^* = l/\cos\alpha , \quad P^* = \frac{2\,E J}{(l/\cos\alpha)^2} , \qquad q^* = 12\, P^*/l^*$$

wird

$$l/\cos\alpha = 1 , \quad E J = 1/2 , \quad q = 12 ; \tag{3.05}$$

ferner ist

$$\sin\alpha = 1/\sqrt{10} = 0{,}3162 , \quad \cos\alpha = 3/\sqrt{10} = 0{,}9487 . \tag{3.06}$$

Für die Lastspalte der Matrix (18) brauchen wir jetzt die Werte der Tabelle 1, 3

$$\left.\begin{aligned} &\tilde{\tilde{\varphi}}_1 = \frac{-q^*\,1^3}{24\cdot 1/2} = -1 ,\; \tilde{\tilde{\varphi}}_2 = -\frac{12\cdot(1/2)^3}{24\cdot 1/2} = -\frac{1}{8} ,\; w_0 - w_1 = 0 ,\; \frac{3}{l_2}(w_1 - w_2) = \frac{3}{1/2}\,\frac{10}{3}\,u = 20\,u , \\ &\tilde{\tilde{M}}_1 = \frac{q^*\,1^2}{4} = 3 , \quad \tilde{\tilde{M}}_2 = \frac{12\,(1/2)^2}{4} = \frac{3}{4} , \quad -6\,E J\,(w_1 - w_2)/l_2^2 = -12\,\frac{10}{3}\,u = -40\,u . \end{aligned}\right\} \tag{3.07}$$

Mit den Längen und Biegesteifigkeiten der beiden Pfosten

$$\left.\begin{aligned} E\,J_{\mathrm{I}} &= 1{,}5\,\frac{1}{2} = 0{,}75\,, \quad l_{\mathrm{I}} = 1{,}5\,l = 1{,}5\cos\alpha \cdot 1^{*} = 1{,}5 \cdot 0{,}9487 = 1{,}4230\,, \\ E\,J_{\mathrm{II}} &= 1{,}0\,\frac{1}{2} = 0{,}50\,, \quad l_{\mathrm{II}} = \frac{11}{6}\;l = \frac{11}{6}\cos\alpha \cdot 1^{*} = \frac{11}{6}\,0{,}9487 = 1{,}7392 \end{aligned}\right\} \tag{3.08}$$

bekommen wir als in den Hauptträger (Abb. 21 rechts) eingeleitete Biegemomente M_i und Horizontalkräfte H_i mit $x_i = u/\cos\alpha$ und nach Tabelle 2, 1a

$$\begin{pmatrix} M \\ H \end{pmatrix}_{\mathrm{I}} = 0{,}75 \begin{pmatrix} \dfrac{-6}{1{,}4230^2}\dfrac{u}{\cos\alpha} - \dfrac{4}{1{,}4320}\,\varphi_0 \\ \dfrac{-12}{1.4230^3}\dfrac{u}{\cos\alpha} - \dfrac{6}{1{,}4230^2}\,\varphi_0 \end{pmatrix} = \begin{pmatrix} -2{,}3424\,u - 2{,}1082\,\varphi_0 \\ -3{,}2922\,u - 2{,}2222\,\varphi_0 \end{pmatrix}, \tag{3.09}$$

$$\begin{pmatrix} M \\ H \end{pmatrix}_{\mathrm{II}} = 0{,}50 \begin{pmatrix} \dfrac{-6}{1{,}7392^2}\dfrac{u}{\cos\alpha} - \dfrac{4}{1{,}7392}\,\varphi_1 \\ \dfrac{-12}{1{,}7392^3}\dfrac{u}{\cos\alpha} - \dfrac{6}{1{,}7392^2}\,\varphi_1 \end{pmatrix} = \begin{pmatrix} -1{,}0454\,u - 1{,}1499\,\varphi_1 \\ -1{,}2021\,u - 0{,}9917\,\varphi_1 \end{pmatrix}. \tag{3.10}$$

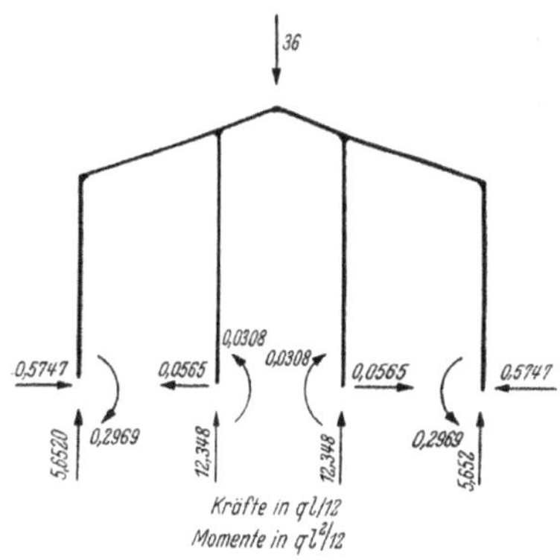

Abb. 22. Gleichgewichtssystem am Rahmen von Abb. 21.

Die Drehfederkonstanten des Hauptträgers sind demnach $C_0 = 2{,}1082$ und $C_1 = 1{,}1499$. Damit läßt sich das Zahlenschema ausfüllen. Die eingerahmte Bedingung $\varphi_3 = 0$ gibt

$$\varphi_0 = -1{,}9632\,u - 0{,}2784\,, \tag{3.11}$$

und somit die Spalte (a) des Schemas. Als nächstes addieren wir die zweiten Spalten von (3.09) und (3.10):

$$\left.\begin{aligned} H_0 + H_1 = H_2 &= -4{,}4943\,u - 2{,}2222\,\varphi_0 - 0{,}9917\,\varphi_1 \\ &= -4{,}4943\,u - 2{,}2222\,(-1{,}9632\,u - 0{,}2784) - 0{,}9917\,(5{,}7228\,u + 0{,}1437)\,, \\ H_2 &= -5{,}8071\,u + 0{,}4762\,. \end{aligned}\right\} \tag{3.12}$$

Weiter wird nach (20)

$$\left.\begin{aligned} Q_2 &= \frac{M_2 - M_{1r} - \widetilde{M}_2}{l_2} + \widetilde{Q}_2 = [(28{,}5536\,u - 0{,}0394) - (-17{,}1084\,u + 0{,}8258) - 1{,}5]\;2 + 6\,, \\ Q_2 &= 91{,}3240\,u + 1{,}2696\,, \end{aligned}\right\} \tag{3.13}$$

und aus der Bedingung (3.03)

$$Q_2 = 91{,}3240\,u + 1{,}2696 = H_2 \sin\alpha = (-5{,}8071 + 0{,}4762)\;0{,}3162$$

folgt nun

$$u = -0{,}0120\,. \tag{3.14}$$

In der Endspalte (b) des Schemas finden wir jetzt die Biegemomente in der Dimension $P^* l^* = q^* l^{*2}/12 = q\, l^2/12$ vor, berechnen daraus den Querkraftverlauf nach (20), weiter aus den nun zahlenmäßig vorliegenden eingeleiteten Kraftgrößen (3.09) und (3.10) Querkraft und Biegemoment

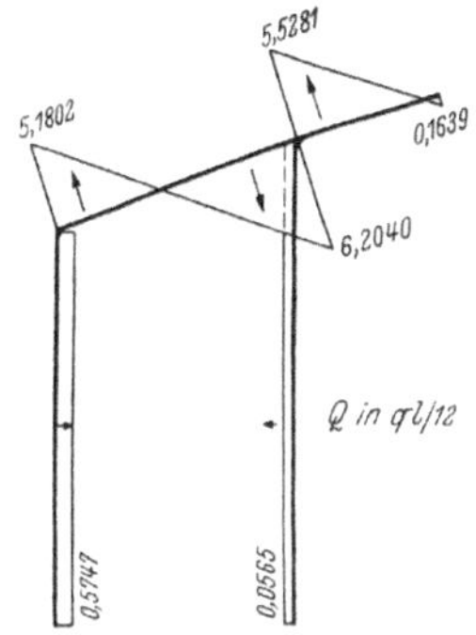

Abb. 23. Querkraftverlauf für die linke Hälfte des Rahmens von Abb. 21.

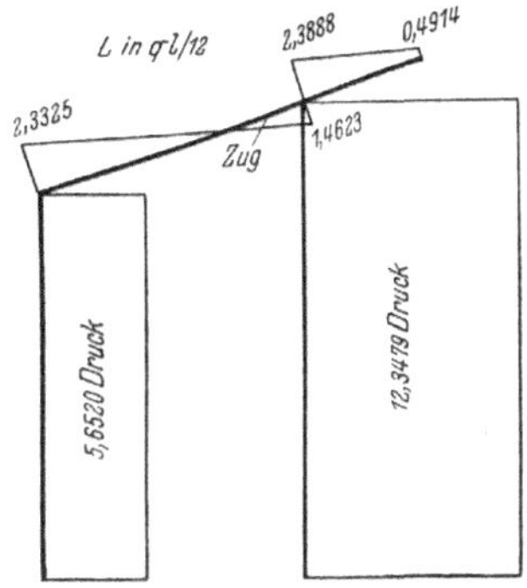

Abb. 24. Längskraftverlauf für die linke Hälfte des Rahmens von Abb. 21.

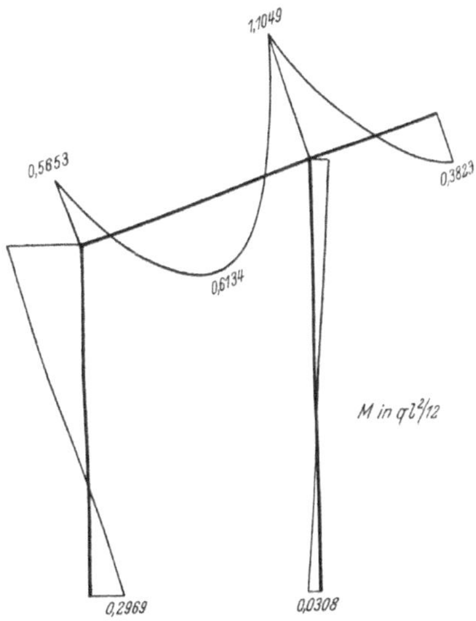

Abb. 25. Biegemomentenverlauf für die linke Hälfte des Rahmens von Abb. 21.

Zahlenschema 3

$$\begin{array}{cc} \varphi_0 & 1 \end{array} \qquad\qquad \overbrace{\begin{array}{cc} u & 1 \end{array}}^{(a)} \qquad (b)$$

$$\begin{pmatrix} 1 & 0 \\ -2{,}1082 & -2{,}3424\,u \\ 0 & 1 \end{pmatrix} \begin{pmatrix} -1{,}9632 & -0{,}2784 \\ 1{,}7964 & 0{,}5869 \\ 0 & 1 \end{pmatrix} \begin{pmatrix} -0{,}255 \\ 0{,}565 \\ 1 \end{pmatrix}$$

$$\left(\begin{array}{ccc|c} -2 & 1 & -1 & 0 \\ 3 & -2 & 3-1{,}0454\,u & -1{,}1499 \\ -1 & 1 & -1+1{,}0454\,u & 1{,}1499 \end{array}\right) \begin{pmatrix} -4{,}1082 & -2{,}3424\,u - 1 \\ 11{,}9404 & +6{,}3329\,u + 4{,}1499 \\ 0 & 1 \end{pmatrix} \begin{pmatrix} 5{,}7228 & 0{,}1437 \\ -17{,}1084 & 0{,}8258 \\ 0 & 1 \end{pmatrix} \begin{pmatrix} 0{,}075 \\ 1{,}031 \\ 1 \end{pmatrix}$$

$$\begin{pmatrix} -2 & 0{,}5 & -0{,}125+20\,u \\ 6 & -2 & 0{,}75-40\,u \\ -4 & 1{,}5 & 0{,}375+20\,u \end{pmatrix} \qquad \begin{pmatrix} \boxed{14{,}1866 \quad 27{,}8513\,u + 3{,}950} \\ -48{,}5300 \quad -66{,}7202\,u - 13{,}5498 \\ 0 \qquad 1 \end{pmatrix} \begin{pmatrix} 0{,}0002 & 0{,}0005 \\ 28{,}5536 & -0{,}0394 \\ 0 & 0 \end{pmatrix} \begin{pmatrix} 0{,}000 \\ -0{,}382 \\ 1 \end{pmatrix}$$

der Pfosten und schließlich durch eine einfache Zerlegung in den Anschlußpunkten 0 und 1 auch die Längskräfte. (Abb. 22 bis 25.) Für den rechten Teil des Tragwerkes sind Momente und Längskräfte symmetrisch, die Querkräfte dagegen antisymmetrisch fortzusetzen.

12. Zusammenfassung und Ausblick. Wir haben gezeigt, wie sich mit Hilfe des Begriffes der Koppelfeder jeder offene Rahmen auf einen (oder mehrere) Durchlaufträger zurückführen läßt. Die Zahlenrechnung wurde im Hinblick auf Kontrollen und leichte Programmierbarkeit für Rechenautomaten noch weiter schematisiert durch Einführung von rechteckigen erweiterten Leitmatrizen und einer zweckmäßig definierten sogenannten „verschränkten" Matrizenmultiplikation. Drei Beispiele zeigen den praktischen Gang des Verfahrens. In einer dritten und abschließenden Arbeit sollen Tragwerke mit geschlossenen Umläufen (Stockwerkrahmen, Trägerroste, Holme usw.) behandelt werden, wobei die ganze Reichweite und Anpassungsfähigkeit des Reduktionsverfahrens noch mehr als bisher hervortreten wird.

(Eingegangen am 8. April 1957)

Anschrift des Verfassers: Dr.-Ing. *Sigurd Falk*, Braunschweig, Celler Str. 93 a

V/12/6 0,125 (KB./Z. 040)

Sonderabdruck aus
„Ingenieur-Archiv", 26. Band, 2. Heft, 1958, S. 96—109

Springer-Verlag · Berlin / Göttingen / Heidelberg

Die Berechnung geschlossener Rahmentragwerke nach dem Reduktionsverfahren

Von **S. Falk**

1. Einleitung, Ziel der Arbeit. Die vorliegende Arbeit behandelt als Fortsetzung meiner beiden früheren Aufsätze[1], deren Formeln und Abbildungen mit I bzw. II zitiert werden, geschlossene ebene und räumliche Rahmentragwerke. Zwei Beispiele werden ausführlich vorgerechnet. Den Schluß bildet eine kurz gefaßte vollständige Theorie des Reduktionsverfahrens für beliebige Systeme von linearen gewöhnlichen Differentialgleichungen (Schwingen, Knicken, elastische Bettung usw.).

2. Zwei- und mehrfache Koppelfedern. Bislang haben wir nur die einseitige Koppelfeder nach Art der Abb. 1 kennengelernt. Um auch die Matrix der beidseitigen (zweifachen) Feder nach Abb. 2 zu gewinnen, denken wir uns einen durchlaufenden Träger oder ein offenes Tragwerk an zwei beliebigen Stellen M und N durchgeschnitten (Abb. 3), rechnen, in M beginnend, mit den dort vorhandenen $2\,\varrho$ Kraft- und Deformationsgrößen als Freigrößen bis zum Punkte N und finden ähnlich wie unter II (37)

$$\begin{array}{c} (d_1\, d_2 \ldots d_\varrho)_M \quad (k_\varrho\, k_{\varrho-1} \ldots k_1)_M \quad 1 \\ \left(\begin{array}{ccc} \begin{pmatrix} * & * & \cdots & * \\ * & * & \cdots & * \\ \cdots & \cdots & \mathfrak{S}_1 & \cdots \\ * & * & \cdots & * \end{pmatrix} & \begin{pmatrix} * & * & \cdots & * \\ * & * & \cdots & * \\ \cdots & \cdots & \mathfrak{S}_2 & \cdots \\ * & * & \cdots & * \end{pmatrix} & \begin{array}{c} \bar d_1 \\ \bar d_2 \\ \cdots \\ \bar d_\varrho \end{array} \\ \begin{pmatrix} * & * & \cdots & * \\ \cdots & \cdots & \mathfrak{S}_3 & \cdots \\ * & * & \cdots & * \\ * & * & \cdots & * \end{pmatrix} & \begin{pmatrix} * & * & \cdots & * \\ \cdots & \cdots & \mathfrak{S}_4 & \cdots \\ * & * & \cdots & * \\ * & * & \cdots & * \end{pmatrix} & \begin{array}{c} \bar k_\varrho \\ \cdots \\ \bar k_2 \\ \bar k_1 \end{array} \\ 0\;0\;\ldots\;0 & 0\;0\;\ldots\;0 & 1 \end{array}\right) \end{array} = \begin{pmatrix} d_1 \\ d_2 \\ \cdots \\ d_\varrho \\ k_\varrho \\ \cdots \\ k_2 \\ k_1 \\ 1 \end{pmatrix}_N \tag{1}$$

oder kurz

$$\left.\begin{aligned} \mathfrak{S}_1\, \mathfrak{d}_M + \mathfrak{S}_2\, \mathfrak{k}_M &= (\mathfrak{d} - \bar{\mathfrak{d}})_N \\ \mathfrak{S}_3\, \mathfrak{d}_M + \mathfrak{S}_4\, \mathfrak{k}_M &= (\mathfrak{k} - \bar{\mathfrak{k}})_N \end{aligned}\right\} \tag{2}$$

und daraus

$$\left.\begin{aligned} -\mathfrak{k}_M &= -\mathfrak{S}_2^{-1}\,(\mathfrak{d} - \bar{\mathfrak{d}})_N + \mathfrak{S}_2^{-1}\,\mathfrak{S}_1\,\mathfrak{d}_M\,, \\ (\mathfrak{k} - \bar{\mathfrak{k}})_N &= \mathfrak{S}_4\,\mathfrak{S}_2^{-1}\,(\mathfrak{d} - \bar{\mathfrak{d}})_N - (\mathfrak{S}_4\,\mathfrak{S}_2^{-1}\,\mathfrak{S}_1 - \mathfrak{S}_3)\,\mathfrak{d}_M\,. \end{aligned}\right\} \tag{3}$$

Die Gesamtmatrix

$$\mathfrak{F}_{MN} = \begin{pmatrix} -\mathfrak{S}_2^{-1} & \mathfrak{S}_2^{-1}\,\mathfrak{S}_1 \\ \mathfrak{S}_4\,\mathfrak{S}_2^{-1} & -\mathfrak{S}_4\,\mathfrak{S}_2^{-1}\,\mathfrak{S}_1 + \mathfrak{S}_3 \end{pmatrix} \tag{4}$$

ist nach dem Satz von *Maxwell-Betti* nebensymmetrisch und heißt die Federmatrix der Rahmenschnitte M, N. Im wichtigen Sonderfall des einfeldrigen geraden Balkens mit konstanter Biegesteifigkeit lautet sie zum Beispiel für die beiden Paare $(\varphi,\, M_y)$ und $(w,\, Q_z)$

$$E\,J_y \begin{pmatrix} -6/l^2 & -2/l & 6/l^2 & -4/l \\ 12/l^3 & 6/l^2 & -12/l^3 & 6/l^2 \\ -6/l^2 & -4/l & 6/l^2 & -2/l \\ -12/l^3 & -6/l^2 & 12/l^3 & -6/l^2 \end{pmatrix} \quad \text{mit} \quad \mathfrak{d} = \begin{pmatrix} w \\ \varphi \end{pmatrix}, \quad \mathfrak{k} = \begin{pmatrix} M_y \\ Q_z \end{pmatrix}. \tag{5}$$

[1] *S. Falk*, Ing.-Arch. 24 (1956) S. 216; *S. Falk*, Ing.-Arch. 26 (1958) S. 61.

Sind insbesondere die Endpunkte unverschieblich, $w_M = w_N = 0$, so folgt hieraus nach Streichen der ersten und dritten Spalte, wenn wir noch die Zeiger M und N durch 0 und 1 ersetzen,

$$\begin{pmatrix} -M_0 \\ M_1 - \widetilde{M}_1 \end{pmatrix} = \frac{EJ}{l} \cdot \begin{pmatrix} -2 & -4 \\ -4 & -2 \end{pmatrix} \begin{pmatrix} \varphi_1 - \tilde{\varphi}_1 \\ \varphi_0 \end{pmatrix}. \tag{6}$$

Wenn die Belastung fehlt, entnehmen wir daraus die Gleichung der geraden Momentenlinie (Abb. 4)

$$M(x) = M_0 + (M_1 - M_0) \cdot \frac{x}{l} = \frac{EJ}{l}\left[(4\,\varphi_0 + 2\,\varphi_1) - (6\,\varphi_0 + 6\,\varphi_1) \cdot \frac{x}{l}\right]. \tag{7}$$

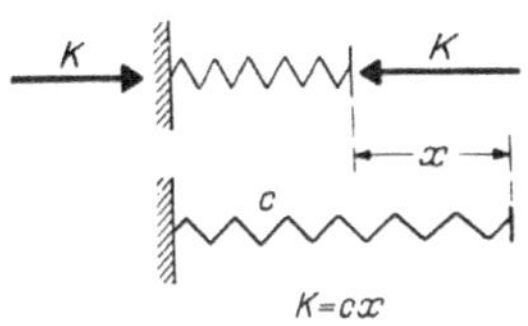

Abb. 1. Einseitige Feder.

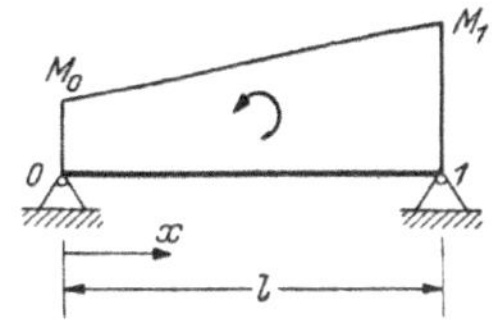

Abb. 4. Linearer Momentenverlauf über einem unbelasteten geraden Balken.

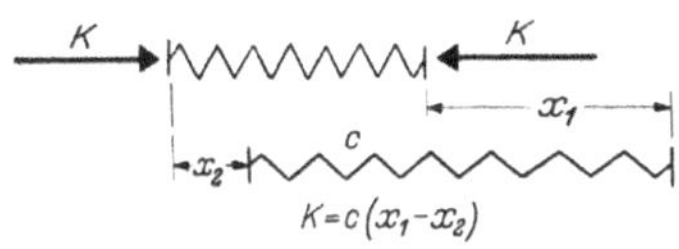

Abb. 2. Beidseitige Feder.

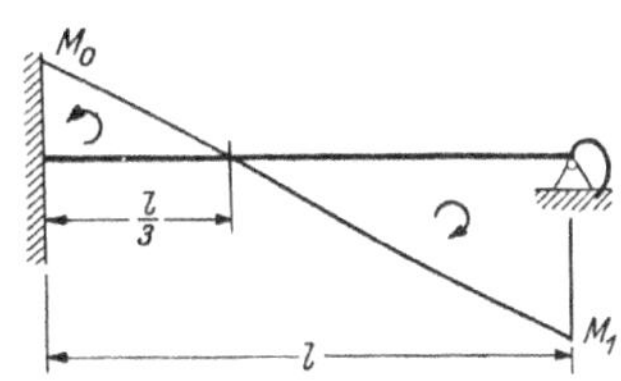

Abb. 5. Drittelpunkt bei fester Einspannung und fehlender Belastung.

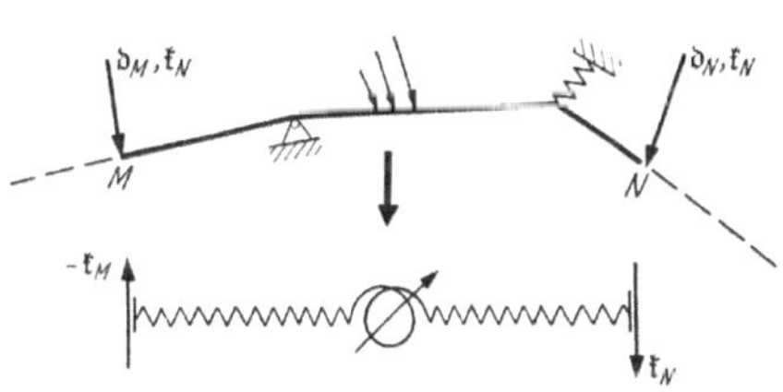

Abb. 3. Ersatz eines Rahmenteiles M N durch eine beidseitige (belastete) Koppelfeder.

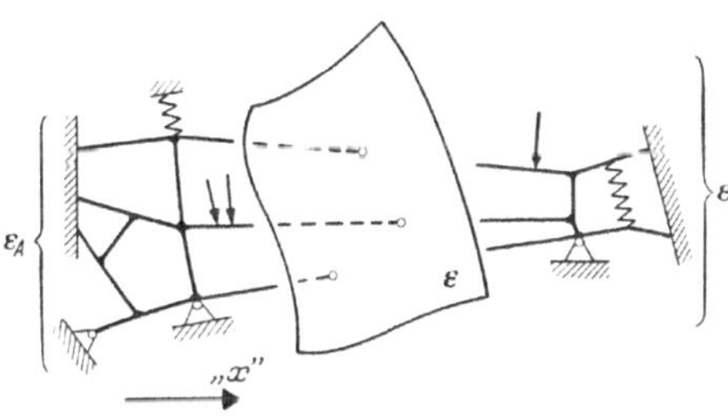

Abb. 6. Räumliches Tragwerk mit Schnittfläche; schematisch.

Das Biegemoment $M(x)$ verschwindet im Punkt

$$x^* = \frac{2\,\varphi_0 + \varphi_1}{3\,\varphi_0 + 3\,\varphi_1} \cdot l. \tag{8}$$

Für $\varphi_0 = 0$ folgt daraus $x^* = 1/3$ (Drittelpunkt bei fester Einspannung, Abb. 5) und weiter aus (7)

$$M(x) = \frac{2\,EJ}{l} \cdot \left(1 - 3\,\frac{x}{l}\right)\varphi_1 \,. \tag{9}$$

Wir haben in (3) gleich den Vektor $-\mathfrak{k}_M$ (nicht $+\mathfrak{k}_M$) auf die linke Seite gesetzt; das aus $-\mathfrak{k}_M$, $\mathfrak{k}_N$ und $\bar{\mathfrak{k}}_N$ bestehende Kräftesystem ist dann im Gleichgewicht. Oder anders ausgedrückt: die Gleichung (3) gibt an, wie eine im Bereich $M\,N$ gegebene Belastung bei vorgeschriebenen Deformationen $\mathfrak{d}_M$ und $\mathfrak{d}_N$ auf die Umgebung „abgesetzt", d. h. in welchem Verhältnis sie verteilt wird. Das zugehörige Symbol zeigt Abb. 3 unten.

Ganz allgemein lassen sich nun durch p Schnitte insgesamt $\pi = \varrho_1 + \varrho_2 + \cdots + \varrho_p$ Kraftgrößen des Tragwerkes bloßlegen, die mit ihren konjugierten Deformationsgrößen über eine π-reihige quadratische Federmatrix zusammenhängen (p-fache Koppelfeder); die Reziproke dazu heißt eine p-fache Einflußmatrix.

3. Der Begriff der gemeinsamen Reduktion. Eine Schnittfläche möge ein beliebiges Rahmentragwerk in zwei getrennte Teile zerlegen und dabei in s Schnittpunkten treffen (Abb. 6). Ähnlich wie früher II. Ziff. 2 können wir jetzt die Gesamtheit der zweimal

$$r = \sum_{1}^{s} \varrho_\nu \quad (1 \leqq \varrho \leqq 6) \tag{10}$$

Kraft- und Deformationsgrößen in der Schnittfläche ε reduzieren, und auch hier läuft die Aufgabe darauf hinaus, die zunächst unbekannten Kraft- und Deformationsgrößen an der „Anfangsfläche" ε_A zu finden. Sind diese bekannt, so läßt sich das Tragwerk in einem einzigen Rechnungsgang bis zur „Endfläche" ε_E durchrechnen.

4. Die geordnete Strangschar. Wir betrachten jetzt s parallele gleich lange gerade Durchlaufträger — wir wollen sie in diesem Zusammenhang „Stränge" nennen — als Kanten eines geraden Prismas über einer Grundfläche ε_0 und legen n dazu parallele Schnitte hindurch (Abb. 7). Koppelfedern, die in Abb. 7 der Einfachheit halber durch gerade Verbindungslinien dargestellt sind, sollen allein in diesen Schnittebenen liegen, und zwar sprechen wir von „Nachbarkopplung", wenn höchstens je zwei benachbarte Ecken durch Koppelfedern miteinander verbunden sind (wie in der Ebene ε_1, Abb. 7), sonst von „durchgehender" Kopplung (so in den Ebenen ε_2 und ε_n). Nun fassen wir die Kraft- und Deformationsgrößen sämtlicher s Stränge zu einem einzigen Vektor $\mathfrak{x}$ zusammen

$$\mathfrak{x} = (\mathfrak{d}_1, \mathfrak{d}_2, \ldots \mathfrak{d}_s, \ \mathfrak{f}_s, \ldots \mathfrak{f}_2, \mathfrak{f}_1, \ 1) \tag{11}$$

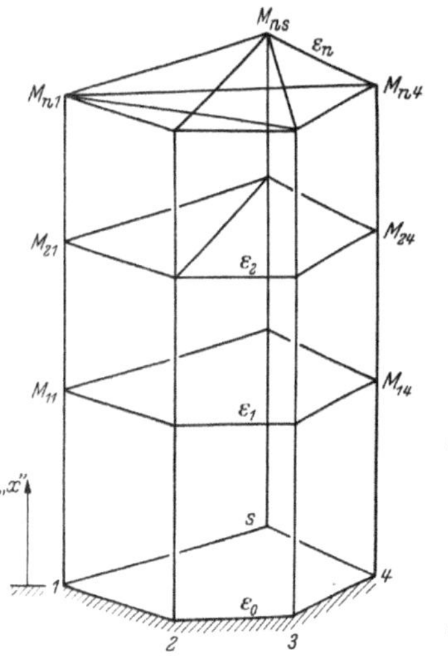

Abb. 7. Geordnete Strangschar; schematisch.

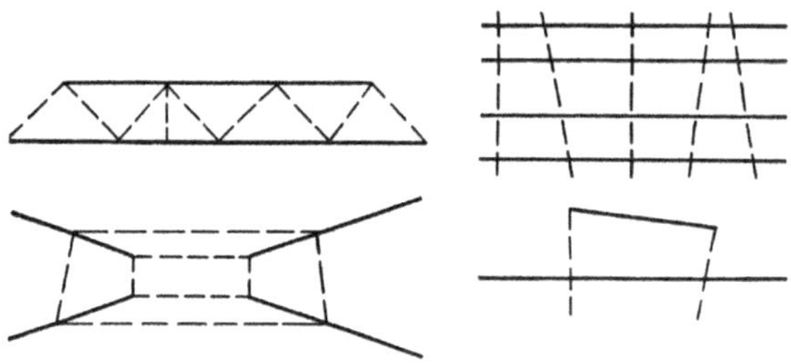

Abb. 8. Einige ebene geordnete Strangscharen.

und bauen die zugehörigen Leitmatrizen aus den Matrizen II (10) bis II (13) auf. Haben wir zum Beispiel $s = 2$ Stränge, an deren jedem allein das Paar (φ, M_y) beteiligt sei, so liefert II (18) im Falle unverschieblicher Knoten $(w_i = 0)$

$$\begin{pmatrix} -2 & 0 & 0 & l_a/2\,E\,J_a & \tilde{\tilde{\varphi}}_a & \vert & 0 & 0 \\ 0 & -2 & l_b/2\,E\,J_b & 0 & \tilde{\tilde{\varphi}}_b & \vert & 0 & 0 \\ 0 & 6\,E\,J_b/l_b & -2 & 0 & \tilde{\tilde{M}}_b & \vert & & \\ 6\,E\,J_a/l_a & 0 & 0 & -2 & \tilde{\tilde{M}}_a & \vert & \multicolumn{2}{c}{\mathfrak{C}_{ab}} \\ 0 & 0 & 0 & 0 & 1 & \vert & 0 & 0 \end{pmatrix}, \quad \mathfrak{x} = \begin{pmatrix} \varphi_a \\ \varphi_b \\ M_b \\ M_a \\ 1 \end{pmatrix}. \tag{12}$$

Von den Komponenten des Vektors $\mathfrak{x}$ (11) verschwinden an der Anfangsfläche r Komponenten, die übrigen r Freigrößen werden durch die r Randbedingungen an der Endfläche festgelegt, und mit dem nun bekannten Anfangsvektor $\mathfrak{x}_0$ wird die ganze Rechnung wiederholt. Diese Rechnung verläuft somit auch hier nach dem Schema II (34) und wird im Prinzip nicht gestört, wenn wir das Prisma der Abb. 7 noch auf folgende Weise verallgemeinern:

1. Auf jedem Strang werden noch beliebig viele Feldgrenzen eingefügt (Anfederungen, Ablenkwinkel, Zwischenbedingungen).

2. Die Punkte $M_{\mu\nu}$ werden auf ihren Strängen verschoben, doch nur so, daß ihre Reihenfolge ungeändert bleibt; allenfalls dürfen einige Punkte $M_{\mu\nu}$ zusammenfallen.

3. Die Stränge brauchen weder geradlinig noch parallel zu sein, dürfen sich nur nicht schneiden.

Wir gewinnen hiernach eine große Mannigfaltigkeit von räumlichen Netzwerken, die wir alle als geordnete Strangscharen bezeichnen wollen. Einige einfache ebene Netze zeigt die Abb. 8, wo die

Stränge durchgezeichnet sind. Zwar ist die Strangzahl s keine fest definierte Größe, doch fällt bei den üblichen Bauwerken der Praxis die Auswahl der kleinstmöglichen Zahlen s bzw. r nicht schwer.

5. Die Ausnahme-Strangschar. Nicht jedes Tragwerk ist einer geordneten Strangschar topologisch äquivalent. Es kann durchaus vorkommen, daß sich einige oder alle Stränge schneiden. An solchen Schnittpunkten — in der Abb. 9 z. B. den Punkten A, B, C, D, E — sind im allgemeinen Zwischenbedingungen zu erfüllen, so etwa in A: $\varphi_1 = \varphi_2 = \varphi_3 = \varphi_4$, $\sum M_y = 0$. Daß sich jedes überhaupt denkbare Rahmentragwerk auf eine Strangschar zurückführen läßt, liegt auf der Hand: man braucht ja nur jedes einzelne Feld zum Strang zu erklären.

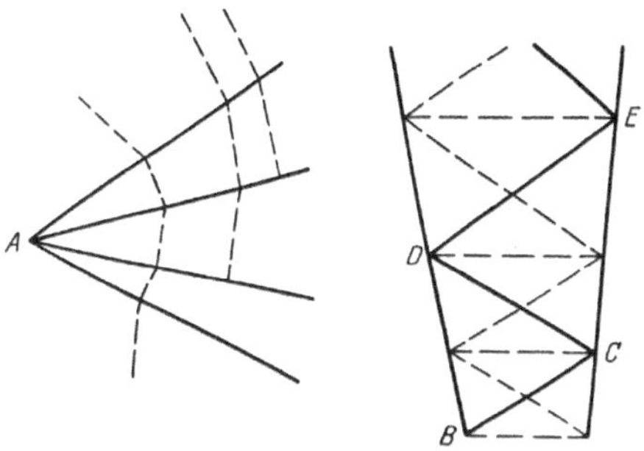

Abb. 9. Zwei Ausnahme-Strangscharen.

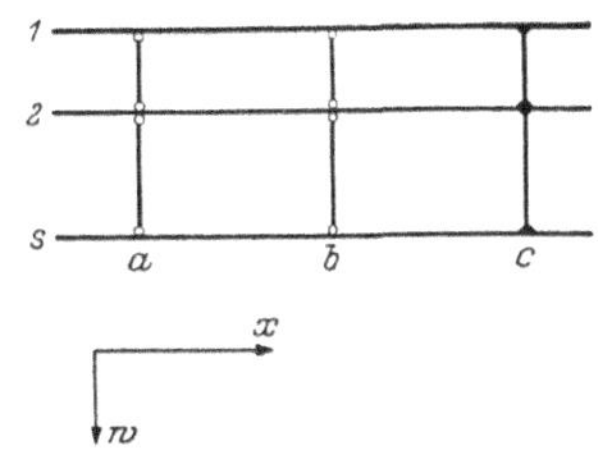

Abb. 10. Längsstarres Tragwerk mit gemeinsamen Knotenverschiebungen w.

6. Tragwerke mit einheitlichen Zwischenbedingungen. Bei Tragwerken mit einheitlichen Zwischenbedingungen kann es oft von Vorteil sein, den Vektor $\mathfrak{x}$ (11) anders einzuführen. Das praktisch wichtigste Beispiel zeigt die Abb. 10: infolge der Längsstarrheit der senkrechten Zwischenstützen sind die Durchbiegungen w an der Stelle a (ebenso in b, c usw.) einander gleich; zweckmäßig ist daher die Einführung eines konjugierten Paares (w, Q_{ges}) mit der gemeinsamen Durchbiegung $w = w_1 = \cdots = w_s$ und der Querkraftsumme am Knoten $Q_{ges} = Q_1 + \cdots + Q_s$. Für ein rechteckiges ebenes Tragwerk nach Abb. 10 mit zwei (und ähnlich mit s) Strängen lautet dann die zugehörige Leitmatrix

$$\begin{pmatrix} 1 & -\alpha_a & -\alpha_b & -\beta_b & -\beta_a & 1/6\,m & \sum_1^s \tilde{w}\,\mu/m & \vert & 0 & 0 & 0 \\ 3/l_a & -2 & 0 & 0 & (l/2\,E\,J)_a & 0 & \tilde{\tilde{\varphi}}_a & \vert & -3/l_a & 0 & 0 \\ 3/l_b & 0 & -2 & (l/2\,E\,J)_b & 0 & 0 & \tilde{\tilde{\varphi}}_b & \vert & -3/l_b & 0 & 0 \\ -6\,(E\,J/l^2)_b & 0 & 6\,(E\,J/l)_b & -2 & 0 & 0 & \tilde{\tilde{M}}_b & \vert & 6\,(E\,J/l^2)_b & * & * \\ -6\,(E\,J/l^2)_a & 6\,(E\,J/l)_a & 0 & 0 & -2 & 0 & \tilde{\tilde{M}}_a & \vert & 6\,(E\,J/l^2)_a & * & * \\ 0 & 0 & 0 & 0 & 0 & 1 & \tilde{Q}_{ges} & \vert & -c & 0 & 0 \\ 0 & 0 & 0 & 0 & 0 & 0 & 1 & \vert & 0 & 0 & 0 \end{pmatrix} \tag{13}$$

$$(w \quad \varphi_a \quad \varphi_b \quad M_b \quad M_a \quad Q_{ges} \quad 1) = \mathfrak{x}\,.$$

Dabei wurde zur Abkürzung gesetzt

$$\mu = E\,J/l^3\,, \qquad m = \sum_1^s \mu\,, \qquad \alpha = E\,J/m\,l^2\,, \qquad \beta = 1/2\,l\,m\,. \tag{14}$$

Der mittlere Teil des Kerns der Matrix (13) enthält die Kenngrößen der Paare (φ, M) und wird umrahmt von den (zum Teil durch (14) definierten) Kenngrößen des allen s Strängen gemeinsamen Paares (w, Q_{ges}). Der Ausdruck $\sum (\tilde{w}\,\mu)/m$ stellt gewissermaßen das gewogene Mittel der durch die Belastungen hervorgerufenen Durchbiegungen dar.

7. Einige spezielle Tragwerke der Baustatik. Wir stellen jetzt einige in der Praxis immer wiederkehrende Typen von Tragwerken zusammen und geben ihre kennzeichnenden Eigenschaften an. Es bedeuten:

$$\left.\begin{array}{lll} \text{Anzahl der Stränge} & & s\,, \\ & \text{keine} & k_0\,, \\ \text{Art der Kopplung} & \text{Nachbarkopplung} & k_n\,, \\ & \text{durchgehende Kopplung} & k_d\,, \\ \text{Anzahl der beteiligten Paare je Strang} & & \varrho_\nu \\ \text{Art der Leitmatrix (Hinweis auf II}\ldots) & & (\text{II}\ldots)\,, \\ \text{Ordnung } r \text{ des zu lösenden Gleichungssystems} & & r = \sum_1^s \varrho_\nu\,. \end{array}\right\} \qquad (15)$$

Damit ist Tab. 1 wohl ohne weitere Erläuterungen verständlich.

Tabelle 1. *Einige spezielle Tragwerke der Baustatik*

1. Durchlaufträger auf festen Stützen. $s = 1$, k_0, $\varrho = 1$, (II. 18), $r = 1$.	
2. Gerader Durchlaufträger auf unverdrehbaren Stützen. $s = 1$, k_0, $\varrho = 1$, (...), $r = 1$.	
3. Gerader Durchlaufträger, elastisch dreh- und senkbar gestützt. $s = 1$, k_0, $\varrho = 2$, (I, 9), $r = 2$.	
4. Fachwerkbrücke, Knoten eckensteif. $s = 2$, k_n. Falls längsstarr (Knoten unverschieblich): $\varrho = 1$, (II. 18), $r = 2$. Falls Biegung mit Längsdehnung: $\varrho = 3$, (II. 14), $r = 6$.	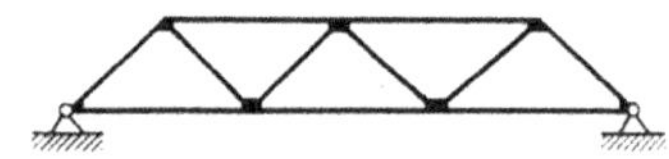
5. Stockwerkrahmen, Knoten unverschieblich (längsstarr). s, k_n, $\varrho = 1$, (II. 18), $r = s$.	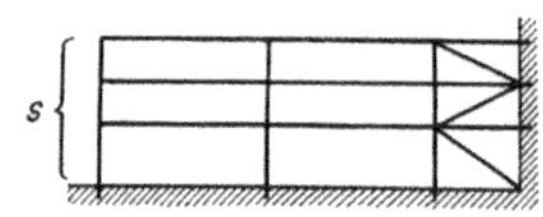
6. Stockwerkrahmen, Knoten verschieblich (längsstarr). s, k_n. Entweder $\varrho = 1$, (III. 13), $r = s$.	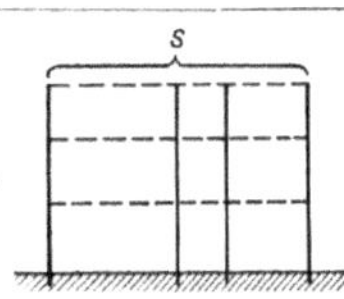 oder $\varrho = 2$, (....), $r = 2\,s$. 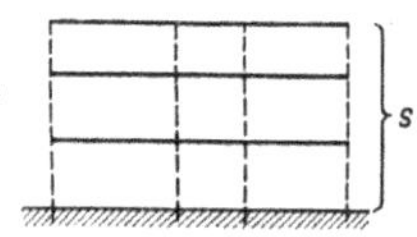
7. Trägerroste (Kreuzwerke). Biegen allein ($GI = 0$): s, k_d, $\varrho = 2$, (II. 9), $r = 2\,s$. Biegen und Drillen: s, k_n, $\varrho = 3$, (....), $r = 3\,s$.	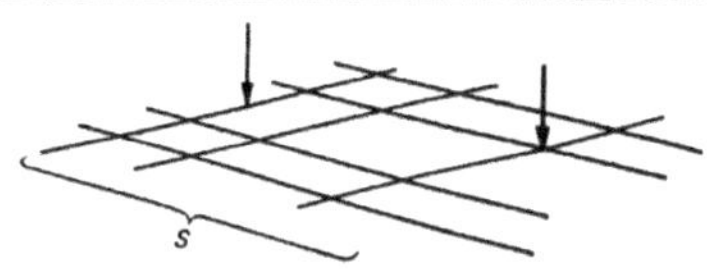

8. Die praktische Durchführung des Verfahrens. Wir stellen jetzt ein allgemeines Programm auf, nach welchem sich jedes ebene oder räumliche Rahmentragwerk (auch Fachwerk) berechnen läßt.

1. Die Charakteristik des Tragwerkes wird nach (15) festgelegt. Man entwirft eine Skizze der einzelnen Stränge und stellt die Hauptteile der Leitmatrizen nach II (10) usw. zusammen. Falls der Rahmen abgewinkelt ist, müssen diese Hauptteile noch mit den Transformationsmatrizen $\mathfrak{T}$ II (35) multipliziert werden.

2. Kommen im Strangschema Koppelfedern vor, so entnimmt man deren Federmatrizen einer Tabelle oder berechnet sie nach dem in II. Ziff. 6 bzw. III. Ziff. 2 geschilderten Verfahren. Diese stets nebensymmetrischen Federmatrizen werden unten rechts in die Leitmatrix $\mathfrak{L}$ II (15) eingetragen.

3. Alle Werte liegen jetzt formelmäßig vor, z. B. $6\,E\,J/l^2$, $2\,l\cos 40°$ und dergleichen. Diese Werte werden dimensionslos gemacht mit Hilfe zweier zweckmäßig zu wählenden Vergleichsgrößen

P^* (Kraft) und l^* (Länge), indem man sämtliche vorkommenden Größen als Vielfaches von P^*, l^*, $P^* l^*$, P^*/l^* usw. darstellt, die Buchstaben P^* und l^* aber während der Rechnung fortläßt (oder in etwas nachlässiger, aber gebräuchlicher Redeweise: indem man sie gleich Eins setzt). Bei homogenen Tragwerken (und wohl auch sonst) empfehlen sich $l^* = l$ und $P^* = 6\,E\,J/l^2$ bzw. $P^* = 2\,E\,J/l^2$.

4. Nun multipliziert man die $r + 1$ Spalten unabhängig voneinander an sämtlichen Leitmatrizen von oben nach unten vorbei. Nach jeder Matrizenmultiplikation ist die Summenprobe zu machen, bei größeren Matrizen schaltet man Zwischenproben ein. Unten rechts neben der letzten Leitmatrix $\mathfrak{L}_n$ findet man dann die r Nullgrößen vor. (Die übrigen r Größen g_{ni} brauchen oft nicht berechnet zu werden.)

5. Man löst das Gleichungssystem II (33)

$$\mathfrak{A}\,\mathfrak{a} + \mathfrak{r} = \mathfrak{b} = 0 \tag{16}$$

nach dem *Gauß*schen Algorithmus oder durch Iteration und findet mit $\mathfrak{a}$ zugleich den Anfangsvektor $\mathfrak{x}_0$. Die Lösung ist aus mechanischen Gründen stets vorhanden und eindeutig.

6. Mit dem nun zahlenmäßig vorliegenden Anfangsvektor $\mathfrak{x}_0$ wird die Rechnung in einer einzigen Spalte, der „Endspalte" wiederholt. Die r Bedingungen rechts müssen von selbst erfüllt sein.

7. Jetzt sind auch alle etwa abgeschnittenen Zweige (ein -oder mehrfache Koppelfedern) nach dem gleichen Schmea in einer einzigen Spalte zu berechnen, da deren Anfangswerte nach II. Ziff. **6** bzw. III. Ziff. **2** ebenfalls festliegen.

8. Damit sind die Werte der an der Deformation beteiligten Kraft- und Deformationsgrößen für alle Feldgrenzen, also nach I (2) usw. für den ganzen Rahmen gegeben. Auch etwa unterdrückte Paare lassen sich leicht wiedergewinnen II (20).

9. Zum Schluß prüft man nach, ob die gegebene Belastung und die berechneten Reaktionen zusammen im Gleichgewicht sind.

Soll dasselbe Tragwerk für verschiedene Belastungen durchgerechnet werden, so sind auszuwechseln: die Lastspalten in den Leitmatrizen, die inhomogene Spalte im Schema II (34), der Vektor $\mathfrak{r}$ in (16) und die Endspalte. Es macht auch keine grundsätzlichen Schwierigkeiten, einige Kennwerte $E\,J$, l usw. als frei verfügbare Parameter mitzunehmen, auch lassen sich nachträglich neue Feldgrenzen einführen I (13).

Ein Umstand ist indessen an dieser Stelle erwähnenswert: Aus mechanischen Gründen liegen die Werte der Endspalte bei vernünftiger Wahl von P^* und l^* etwa zwischen 0,1 und 10, auf alle Fälle aber in derselben Größenordnung. Nicht so die Werte der homogenen Spalten: diese schwellen in der Regel mit wachsender Felderzahl stark an, was sich oft schon beim vierten, fünften Feld unliebsam bemerkbar macht. Mit anderen Worten: die in der Größenordnung gleichbleibenden Endwerte sind die so gefürchteten „kleinen Differenzen großer Zahlen" und das um so mehr, je höher die Nummer des Feldes ist. Bei der Wiederholung mit dem Vektor $\mathfrak{x}_0$ wird daher im allgemeinen eine Gleichung

$$\mathfrak{A}\,\mathfrak{a} + \mathfrak{r} = \mathfrak{f} \neq 0 \tag{17}$$

mit einem Fehlervektor $\mathfrak{f}$ entstehen. Jetzt lösen wir das Gleichungssystem

$$\mathfrak{A}\,\mathfrak{a}^{(1)} + \mathfrak{f} = 0 \tag{18}$$

und wiederholen die Rechnung mit dem neuen Vektor $\mathfrak{x}_0^{(1)}$, diesmal aber mit der letzten Ziffer 0 statt 1, wodurch die gegebene Belastung automatisch ausgeschaltet wird, und bekommen als Summe zweier Endspalten das Ergebnis

$$\mathfrak{x}_i^1 = \mathfrak{x}_i + \mathfrak{x}_i^{(1)}\,, \tag{19}$$

wobei wir eine gewisse Anzahl neuer geltender Stellen gewonnen haben. Falls notwendig, ist dieser Vorgang hinreichend oft zu wiederholen. In fast allen praktischen Fällen jedoch genügt es, den Vektor $\mathfrak{a}^{(1)}$ aus (18) zu ermitteln und mit seiner Hilfe an Hand der homogenen Spalten die Anzahl der geltenden Stellen abzuschätzen, was meist mit einem flüchtigen Blick auf die Rechnung erledigt ist.

Das Anwachsen der homogenen Spalten kann man aber auch grundsätzlich verhindern, indem man die Träger zerschneidet und mit Koppelfedern rechnet; allerdings müssen dann mehrere Gleichungssysteme gelöst werden. Aber auch durch geschickte Wahl des Anfangsvektors läßt sich das Anschwellen weitgehend verhindern, indem man nicht mit den r Freigrößen selbst, sondern geeigneten Linearkombinationen losrechnet, etwa so, daß die „rechte Seite" $\mathfrak{r}$ in (16) klein bleibt oder die Hauptdiagonalelemente der Systemmatrix $\mathfrak{A}$ stark überwiegen (zum Zwecke der Iteration); doch sind das Einzelheiten, die hier zu weit führen.

Sind mehrere oder alle Leitmatrizen einander völlig oder doch annähernd gleich, so schreibt man sie ein einziges Mal auf ein bewegliches Blatt, das an den Kolonnen des Schemas II (34) von oben nach unten vorbeigezogen wird. Bei großer Strangzahl s werden die Matrizen ziemlich umfangreich — sie enthalten dann relativ immer mehr Nullen — und daher leicht unübersichtlich; man wird in solchen Fällen, namentlich bei nur schwacher Kopplung (insbesonder Nachbarkopplung) die Stränge einzeln bzw. gruppenweise nebeneinander herführen und die unterdrückte Kopplung nach jeder Matrizenmultiplikation gesondert nachholen.

9. Die Programmierung für digitale Rechenautomaten. Das Reduktionsverfahren verlangt in der hier entwickelten Form lediglich zwei Operationen: das Multiplizieren und das Umkehren von Matrizen, beides aber gehört zum Grundprogramm auch der kleinsten Ziffernmaschine. Will man die in II (22) definierte verschränkte Multiplikation umgehen — obwohl auch deren Programmierung keine besonderen Umstände erfordert —, so rechnet man nach II (23). Um den allgemeinen Rechnungsgang auf einem Automaten zu zeigen, entwickeln wir jetzt das Programm für eine geordnete Strangschar (Durchlaufträger, Stockwerkrahmen, Trägerrost und dergleichen), und zwar werde das Tragwerk gleich für b verschiedene Lastfälle berechnet. Das zugehörige Matrizenschema sieht so aus:

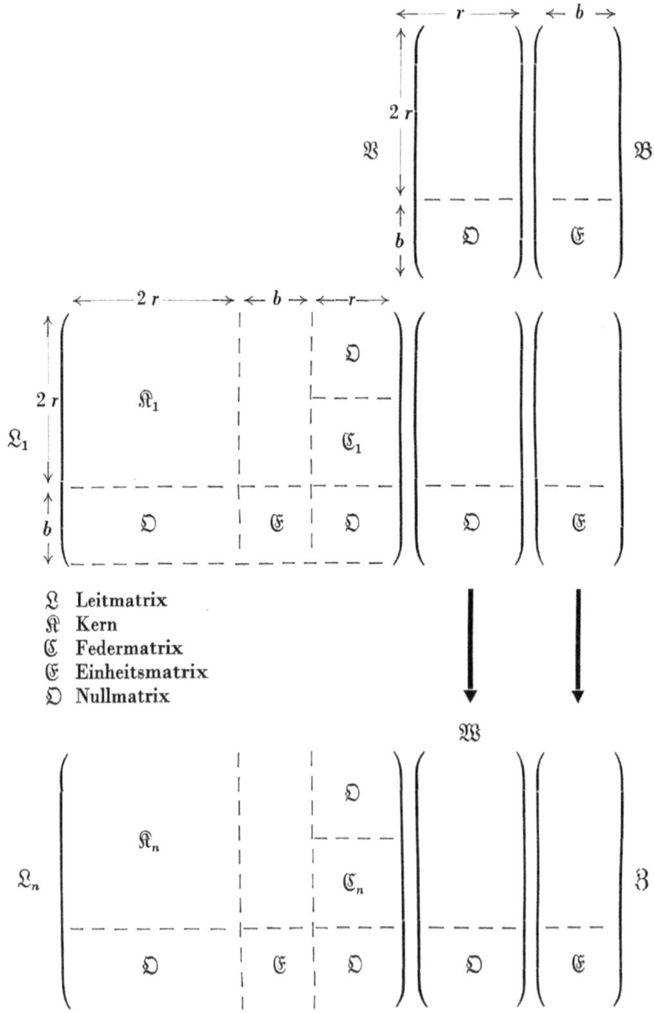

Und die Anweisung für den Rechenautomaten lautet:

1. Eingabe: n Matrizen $\mathfrak{L}_i$ (Leitmatrizen),
   Matrix $\mathfrak{V}$ (homogene Spalten),
   Matrix $\mathfrak{B}$ (b Belastungen).
2. Berechne und speichere das Produkt $\mathfrak{P} = \mathfrak{L}_n \mathfrak{L}_{n-1} \cdots \mathfrak{L}_1$.
3. Berechne $\mathfrak{W} = \mathfrak{P}\,\mathfrak{V}$.
4. Greife aus $\mathfrak{W}$ r bestimmte Zeilen heraus und fasse sie zur Matrix $\mathfrak{A}$ zusammen.
5. Bilde und speichere $\mathfrak{A}^{-1}$.
6. Berechne das Produkt $\mathfrak{Z} = \mathfrak{P}\,\mathfrak{B}$.
7. Greife aus $\mathfrak{Z}$ r bestimmte Zeilen heraus (die gleichen wie unter 4) und fasse sie zur Matrix $\mathfrak{M}$ zusammen.
8. Berechne $\mathfrak{D} = -\mathfrak{A}^{-1}\mathfrak{M}$.
9. Berechne $\mathfrak{H} = \mathfrak{B} + \mathfrak{V}\,\mathfrak{D}$.
10. Berechne und drucke aus $\begin{cases} \mathfrak{L}_1\,\mathfrak{H}, \\ \mathfrak{L}_2(\mathfrak{L}_1\,\mathfrak{H}), \\ \cdots\cdots\cdots \\ \mathfrak{L}_n\,(\mathfrak{L}_{n-1}\cdots\mathfrak{L}_1\,\mathfrak{H}). \end{cases}$

Die unter 10. ausgedruckten Matrizen enthalten die Kraft- und Deformationsgrößen an sämtlichen Feldgrenzen für die b vorgeschriebenen Lastfälle in den Dimensionen P^*, l^*, P^*l^* usw.

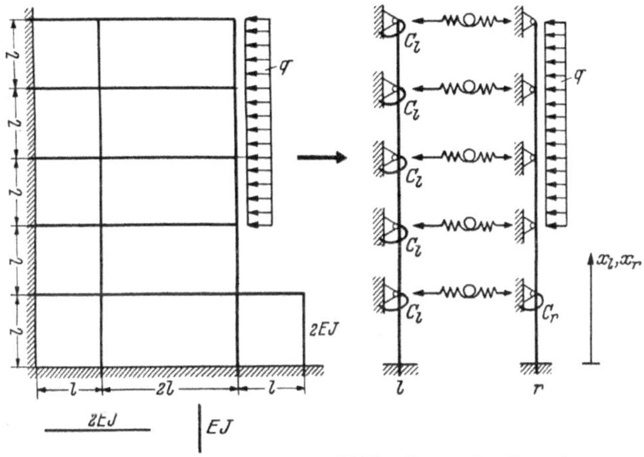

Abb. 11. Fünfstöckiger Rahmen mit unverschieblichen Knoten, dazu Strangschema.

10. Beispiele. Wir führen nun zwei Beispiele vor und richten uns dabei nach dem Programm aus Ziff. 8.

a) Erstes Beispiel. Für den fünfstöckigen Rahmen von Abb. 11 ist der Biegemomentenverlauf infolge der angegebenen Windbelastung zu berechnen. Die Knoten sind unverschieblich.

1) $s = 2$, k_n, $\varrho = 1$, II (18), $r = 2$. Strangschema Abb. 11 rechts. Sämtliche Koppelfedern sind unbelastet.

2) Es ist $C_l = 4 \cdot 2EJ/l = 8EJ/l$ nach Tabelle II, 2; die Feder C_r des zweifeldrigen Rahmenwinkels unten rechts ergibt eine kurze Rechnung mit der Matrix II (18) zu $C_r = 7EJ/l$. Die Matrix der Koppelfeder ist nach (6)

$$\begin{pmatrix} -M_l \\ M_r \end{pmatrix} = \frac{2EJ}{2l} \cdot \begin{pmatrix} -2 & -4 \\ -4 & -2 \end{pmatrix} \begin{pmatrix} \varphi_r \\ \varphi_l \end{pmatrix}.$$

3) Wir wählen $P^* = 2EJ/l^2$, $l^* = l$, $q = 12\,P^*/l^*$, d. h. $EJ = 1/2$, $l = 1$, $q = 12$.

4) Zahlenschema 1. Die Leitmatrix finden wir unter (12) vor; die Federmatrix $\mathfrak{C}_{ab}$ unten rechts in $\mathfrak{L}$ ist hier

$$\begin{pmatrix} 0 & -C_r \text{ (bzw. 0)} \\ -C_l & 0 \end{pmatrix} + \begin{pmatrix} -1 & -2 \\ -2 & -1 \end{pmatrix} = \begin{pmatrix} -1 & -5{,}5 \text{ (bzw. } -2) \\ -6 & -1 \end{pmatrix}.$$

5) Die beiden Randbedingungen rechts (d. h. hier oben) lauten

$$\left.\begin{aligned} M_{5r} &= -18{,}600\, M_{0l} - 11{,}7145\, M_{0r} - 0{,}155 = 0 \\ M_{5l} &= -82{,}394\, M_{0l} - 24{,}795\, M_{0r} - 0{,}163 = 0 \end{aligned}\right\} \rightarrow \left\{\begin{aligned} M_{0l} &= 0{,}00383667\,, \\ M_{0r} &= -0{,}0193232\,. \end{aligned}\right.$$

6) Siehe Zahlenschema 1. In den homogenen Spalten ist mehrmals nach abgeschlossener Matrizenmultiplikation der Faktor 10 herausgezogen, um ein unnötiges Anschwellen der Zahlen zu vermeiden; auf die eingerahmten Endgleichungen ist dieser Rechenkniff ohne Einfluß. Die Werte der Endspalte sind einer achtstelligen Rechnung entnommen und aufgerundet.

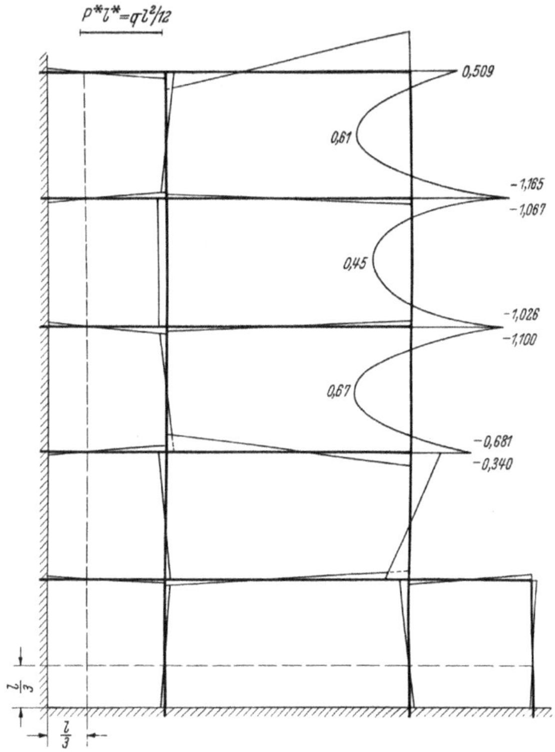

Abb. 12. Momentenverlauf für den Stockwerkrahmen von Abb. 11.

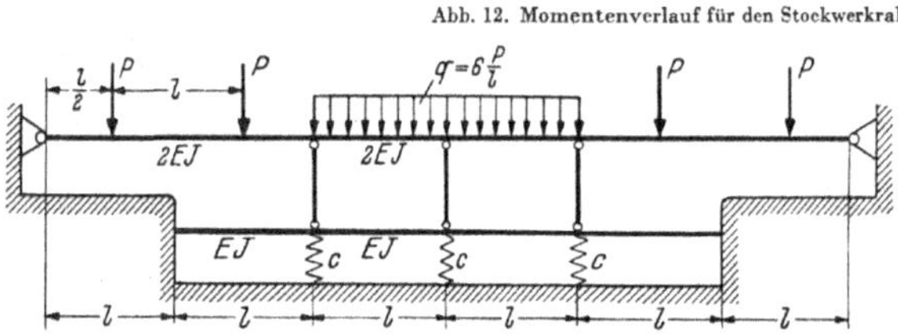

Abb. 13. Symmetrisches Tragwerk mit gemeinsamen Knotenverschiebungen w.

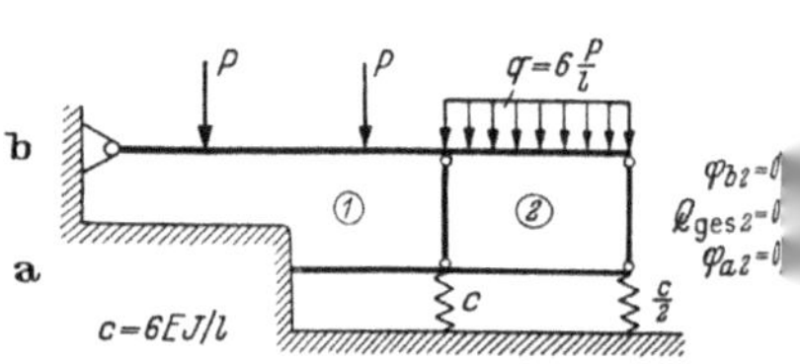

Abb. 14. Linke Hälfte des Tragwerkes von Abb. 13.

7) Für alle eingespannten Rahmenteile gilt infolge fehlender Belastung die Gleichung (9): Drittelpunkte in Abb. 12. Für die waagerechten Mittelträger gibt (6) den Momentenverlauf.

8) Momentenverlauf Abb. 12: über den drei belasteten Feldern parabolisch, sonst linear, Dimensionen: M in $P^* l^* = 2\,E\,J/l$, $q = 12\ P^*/l^* = 24\,E\,J/l$, also erscheint M in $q\,l^2/12$.

9) Ableiten der Momentenlinie gibt den Querkraftverlauf, womit alle 24 Reaktionen bekannt sind. Wie man sich leicht überzeugt, ist das gesamte Kräftesystem im Gleichgewicht.

b) Zweites Beispiel. Für das symmetrische und symmetrisch belastete Tragwerk von Abb. 13 sind Querkraft- und Momentenverlauf zu ermitteln. Infolge der starren, gelenkig angeschlossenen senkrechten Zwischenstützen sind die Durchbiegungen beider Träger an den Feldgrenzen einander gleich.

1) $s = 2$, k_0, $\varrho_a = \varrho_b = 1$, dazu das Paar (w, Q_{ges}), (13), $r = 3$.

2) Koppelfedern sind nicht vorhanden.

3) Wir wählen $l^* = l$, $P^* = 6\,E\,J/l^2$, ferner $P = P^*$ und haben damit $P = 1$, $l = 1$, $E\,J = 1/6$, $c = 1$, $q = 6$.

Die in die Leitmatrix (13) einzusetzenden Werte sind nach (14) und den Tabellen I. 1 bzw. II. 1,3:

Feld 1:

$$\left.\begin{aligned}\mu_a &= E\,J/l^3 = 1/6\\ \mu_b &= 2\,E\,J/(2\,l)^3 = 1/24\end{aligned}\right\} m = \frac{1}{6} + \frac{1}{24} = \frac{5}{24}\left\{\begin{aligned}&\alpha_a = E\,J/m\,l^2 = 0{,}8; && \beta_a = 1/2\,m\,l = 2{,}4\,,\\ &\alpha_b = 2\,E\,J/m\,(2\,l)^2 = 0{,}4; && \beta_b = 1/2\,m(2\,l) = 1{,}2\,,\end{aligned}\right.$$

$$\tilde{\tilde{\varphi}}_a = 0; \quad \tilde{\tilde{\varphi}}_b = -\left[\frac{9}{4\cdot 2\cdot 2}\left(1 - \frac{3}{4}\right) + \frac{1}{4\cdot 2\cdot 2}\left(1 - \frac{1}{4}\right)\right]\frac{l^2}{EJ} = -\,1{,}125\,,$$

$$\tilde{\tilde{M}}_a = 0; \quad \tilde{\tilde{M}}_b = \left[\frac{3}{2}\left(1 - \frac{9}{4\cdot 4}\right) + \frac{1}{2}\left(1 - \frac{1}{4\cdot 4}\right)\right] l = 1{,}125\,,$$

$$\tilde{w}_a = 0; \quad \tilde{w}_b = \left(\frac{27+1}{8\cdot 2\cdot 6}\right)\frac{l}{EJ} = 1{,}75\,, \quad (\textstyle\sum \tilde{w}\,\mu)/m = \left(0\cdot\mu_a + 1{,}75\,\frac{1}{24}\right)\frac{24}{5} = 0{,}35\,.$$

$$\tilde{Q}_{a\,ges} = 0\,, \quad \tilde{Q}_{b\,ges} = 2\,P = 2\,.$$

Zahlenschema 1

$$\mathfrak{x}_0 = \begin{pmatrix}\varphi_l\\ \varphi_r\\ M_r\\ M_l\\ 1\end{pmatrix}_0 = \overset{\begin{matrix}M_{0l} & M_{0r} & 1\end{matrix}}{\begin{pmatrix}0 & 0 & 0\\ 0 & 0 & 0\\ 0 & 1 & 0\\ 1 & 0 & 0\\ 0 & 0 & 1\end{pmatrix}} \begin{pmatrix}0\\ 0\\ -\,0{,}0193\\ 0{,}0038\\ 1\end{pmatrix}$$

$$\mathfrak{L}_1 \left(\begin{array}{ccccc|cc}-2 & 0 & 0 & 1 & 0 & 0 & 0\\ 0 & -2 & 1 & 0 & 0 & 0 & 0\\ 0 & 3 & -2 & 0 & 0 & -1 & -5{,}5\\ 3 & 0 & 0 & -2 & 0 & -6 & -1\\ 0 & 0 & 0 & 0 & 1 & 0 & 0\end{array}\right) \begin{pmatrix}1 & 0 & 0\\ 0 & 1 & 0\\ -1 & -7{,}5 & 0\\ -8 & -1 & 0\\ 0 & 0 & 1\end{pmatrix} \begin{pmatrix}0{,}0038\\ -\,0{,}0193\\ 0{,}1411\\ -\,0{,}0113\\ 1\end{pmatrix}$$

$$\mathfrak{L}_2 \left(\begin{array}{ccccc|cc}-2 & 0 & 0 & 1 & 0 & 0 & 0\\ 0 & -2 & 1 & 0 & 0 & 0 & 0\\ 0 & 3 & -2 & 0 & 0 & -1 & -2\\ 3 & 0 & 0 & -2 & 0 & -6 & -1\\ 0 & 0 & 0 & 0 & 1 & 0 & 0\end{array}\right) \begin{pmatrix}-10 & -1 & 0\\ -1 & -9{,}5 & 0\\ 14 & 30 & 0\\ 80 & 17{,}5 & 0\\ 0 & 0 & 1\end{pmatrix} \begin{pmatrix}-\,0{,}0190\\ 0{,}1797\\ -\,0{,}6806\\ -\,0{,}0312\\ 1\end{pmatrix}$$

$$\mathfrak{L}_3 \left(\begin{array}{ccccc|cc}-2 & 0 & 0 & 1 & 0 & 0 & 0\\ 0 & -2 & 1 & 0 & 1 & 0 & 0\\ 0 & 3 & -2 & 0 & -3 & -1 & -2\\ 3 & 0 & 0 & -2 & 0 & -6 & -1\\ 0 & 0 & 0 & 0 & 1 & 0 & 0\end{array}\right) \begin{pmatrix}10 & 19{,}5 & 0\\ 1{,}6 & 5{,}7 & 0{,}1\\ -16{,}3 & -23{,}8 & -0{,}5\\ -80{,}6 & -21{,}2 & -0{,}1\\ 0 & 0 & 1\end{pmatrix} \begin{pmatrix}0{,}0069\\ -\,0{,}0400\\ -\,1{,}0264\\ 0{,}0041\\ 1\end{pmatrix}$$

$$\mathfrak{L}_4 \left(\begin{array}{ccccc|cc}-2 & 0 & 0 & 1 & 0 & 0 & 0\\ 0 & -2 & 1 & 0 & 1 & 0 & 0\\ 0 & 3 & -2 & 0 & -3 & -1 & -2\\ 3 & 0 & 0 & -2 & 0 & -6 & -1\\ 0 & 0 & 0 & 0 & 1 & 0 & 0\end{array}\right) \begin{pmatrix}-10{,}06 & -2{,}51 & -0{,}01\\ -1{,}95 & -3{,}52 & -0{,}06\\ 17{,}70 & 16{,}02 & 0{,}23\\ 81{,}43 & 23{,}405 & 0{,}14\\ 0 & 0 & 1\end{pmatrix} \begin{pmatrix}-\,0{,}0096\\ 0{,}0537\\ -\,1{,}1650\\ 0{,}0166\\ 1\end{pmatrix}$$

$$\mathfrak{L}_5 \left(\begin{array}{ccccc|cc}-2 & 0 & 0 & 1 & 0 & 0 & 0\\ 0 & -2 & 1 & 0 & 1 & 0 & 0\\ 0 & 3 & -2 & 0 & -3 & -1 & -2\\ 3 & 0 & 0 & -2 & 0 & -6 & -1\\ 0 & 0 & 0 & 0 & 1 & 0 & 0\end{array}\right) \begin{pmatrix}10{,}155 & 2{,}8425 & 0{,}016\\ 2{,}160 & 2{,}306 & 0{,}036\\ \boxed{-18{,}600} & \boxed{-11{,}7145} & \boxed{-0{,}155}\\ \boxed{-82{,}394} & \boxed{-24{,}795} & \boxed{-0{,}163}\\ 0 & 0 & 1\end{pmatrix} \begin{pmatrix}0{,}0358\\ -\,0{,}2724\\ 0{,}0000\\ 0{,}0000\\ 1\end{pmatrix}$$

Feld 2:

$$\left.\begin{array}{l}\mu_a = \;\;\, EJ/l^3 = 1/6\\ \mu_b = 3\,EJ/l^3 = 1/2\end{array}\right\} m = \frac{1}{6} + \frac{1}{2} = \frac{2}{3}\left\{\begin{array}{l}\alpha_a = \;\;\, EJ/m\,l^2 = 0{,}25; \quad \beta_a = 1/2\; m\,l = 0{,}75\,,\\ \alpha_b = 3\,EJ/m\,l^2 = 0{,}75; \quad \beta_b = 1/2\; m\,l = 0{,}75\,,\end{array}\right.$$

$$\tilde{\tilde{\varphi}}_a = 0\,, \quad \tilde{\tilde{\varphi}}_b = -\frac{6\cdot 1}{24\cdot 3}\frac{l^3}{EJ} = -\,0{,}5\,, \quad \tilde{Q}_{a\,ges} = 0\,, \quad \tilde{Q}_{b\,ges} = 6\,,$$

$$\tilde{\tilde{M}}_a = 0\,, \quad \tilde{\tilde{M}}_b = \frac{6}{4}\,l^2 = 1{,}5\,, \quad \tilde{w}_a = 0\,, \quad \tilde{w}_b = \frac{6\cdot 1}{24\cdot 3}\frac{l^4}{EJ} = 0{,}5\,, \quad (\textstyle\sum \tilde{w}\,\mu)/m = 0 + \frac{0{,}5}{2}\frac{3}{2} = 0{,}375\,.$$

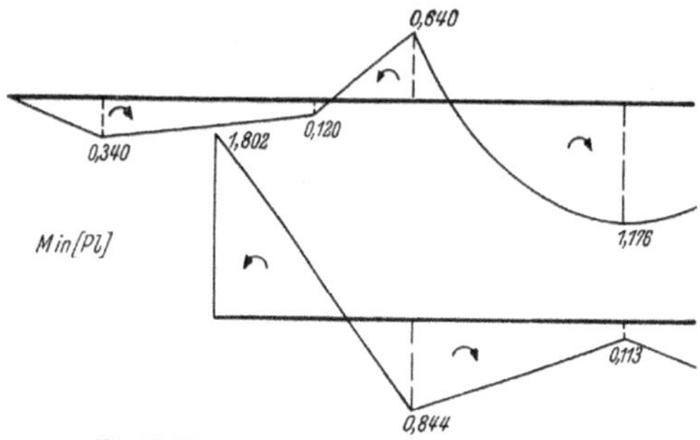

Abb. 15. Momentenverlauf für das Tragwerk von Abb. 13.

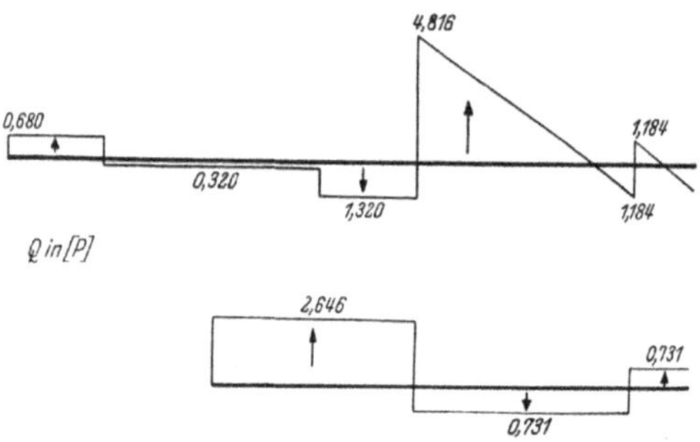

Abb. 16. Querkraftverlauf für das Tragwerk von Abb. 13.

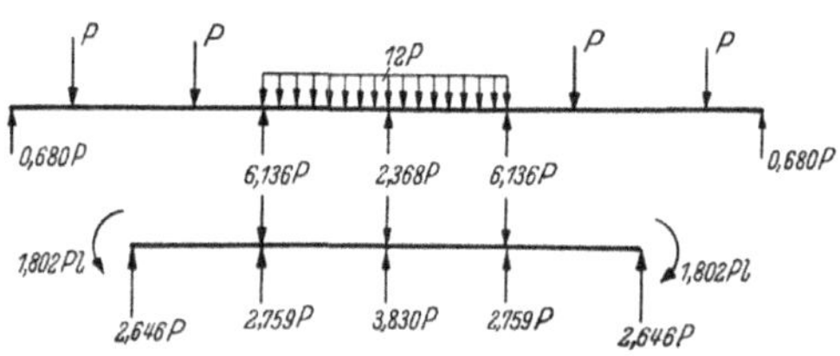

Abb. 17. Gleichgewichtssystem am Tragwerk von Abb. 13.

4) Siehe Zahlenschema 2.

5) Das im Zahlenschema eingerahmte Gleichungssystem (Randbedingungen Abb. 14!) hat die Lösungen:

$$\varphi_{0b} = -\,1{,}864154\,,$$
$$M_{0a} = \;\;\;1{,}801790\,,$$
$$Q'_{0\,ges} = -\,3{,}325922\,.$$

6) Zahlenschema 2, Endspalte.

7) Entfällt.

8) Abb. 15 und 16.

9) Das Gleichgewichtssystem der Kräfte und Momente zeigt Abb. 17.

11. Verallgemeinerungen und Ergänzungen. 1) Die Steifigkeiten

$$EJ_y,\; EJ_z,\; GI \text{ und } EF \text{ in II (3)}$$

sind nicht konstant, sondern beliebige (oft unstetige) Funktionen der Koordinate x. Davon werden offensichtlich allein die Steifigkeitsmatrizen $\mathfrak{F}$ in II (15) betroffen. Da die Integration der Differentialgleichungen II (3) trivial ist, brauchen wir nicht weiter darauf einzugehen; beispielsweise wäre in II (10) die Matrix $\mathfrak{F}$, die dort wegen $\varrho = 1$ aus dem einzigen Element $-l/EF$ besteht, zu ersetzen durch

$$-\int_0^l \frac{d\xi}{EF(\xi)}\,. \tag{20}$$

2) Die vier Differentialgleichungen II (3) können teilweise miteinander gekoppelt sein (wenn z. B. der Schubmittelpunkt nicht mit dem Profilschwerpunkt zusammenfällt). Dann lautet lediglich das Fundamentalsystem anders; die Ordnung der Matrizen bleibt die gleiche.

3) Die gewählten Richtungen y und z in Abb. II (3) fallen nicht mit den Hauptträgheitsrichtungen des Balkenquerschnittes zusammen (schiefe Biegung). Dann sind die Belastungen q_z und q_y mit Hilfe des Ausdruckes

$$J_y\, J_z - J_{yz}^2 \tag{21}$$

in bekannter Weise zu kombinieren.

4) Federn mit Vorspannung. Wenn die Anschluß(koppel)federn in der unverformten (spannungslosen) Lage des Trägers nicht selbst entspannt sind wie in Abb. I (5), so gilt an Stelle von II (4) allgemeiner

$$k_i = -\,c_i\,(d_i - d_i^*) \quad \text{bzw.} \quad \mathfrak{k} = -\,\mathfrak{C}\,(\mathfrak{d} - \mathfrak{d}^*)\,. \tag{22}$$

5) Verteilen der Belastung auf die Feldgrenzen. Oft kann es zweckmäßig sein, die in einem Feld angreifende Belastung auf beide Feldgrenzen zu verteilen. Zu diesem Zweck bringt man in $i-1$

Zahlenschema 2

$$\mathfrak{x}_0 = \begin{pmatrix} w \\ \varphi_a \\ \varphi_b \\ M_b \\ M_a \\ Q_{ges} \\ 1 \end{pmatrix}_0 = \begin{pmatrix} \varphi_{0b} & M_{0a} & Q_{0ges} & 1 \\ 0 & 0 & 0 & 0 \\ 0 & 0 & 0 & 0 \\ 1 & 0 & 0 & 0 \\ 0 & 0 & 0 & 0 \\ 0 & 1 & 0 & 0 \\ 0 & 0 & 1 & 0 \\ 0 & 0 & 0 & 1 \end{pmatrix} \quad \begin{pmatrix} 0 \\ 0 \\ -1,8642 \\ 0 \\ 1,8018 \\ -3,3259 \\ 1 \end{pmatrix}$$

1	−0,8	−0,4	1,2	2,4	0,8	0,35	0	0	0	−0,4	2,4	0,8	0,35		2,7592
3	−2	0	0	3	0	0	−3	0	0	1,2	−4,2	−2,4	−1,05		−2,8723
1,5	0	−2	3	0	0	−1,125	−1,5	0	0	−1,4	−3,6	−1,2	−1,65		−1,5355
−0,5	0	1	−2	0	0	1,125	0,5	0	0	0,8	1,2	0,4	1,3		0,6405
−1	1	0	0	−2	0	0	1	0	0	−0,4	0,4	0,8	0,35		−0,8444
0	0	0	0	0	1	2	−1	0	0	0,4	−2,4	0,2	1,65		−4,0851
−4	1,8	1,4	−2,2	−2,4	−1,8	−1,35	4	0	0	0	0	0	1		1

1	−0,25	−0,75	0,75	0,75	0,25	0,375	0	0	0	0,75	6,75	3,25	3,875		3,8297
3	−2	0	0	3	0	0	−3	0	0	−7,05	−3,45	−0,15	−7,425		0,0000
3	0	−2	1	0	0	−0,5	−3	0	0	0,15	−4,65	−4,55	−6,475		0,0000
−3	0	3	−2	0	0	1,5	3	0	0	...	...	...	...		−1,1760
−1	1	0	0	−2	0	0	1	0	0	...	...	...	...		−0,1131
0	0	0	0	0	1	6	−0,5	0	0	0,025	−5,775	−1,425	5,7125		0,0000
−3	1,25	−0,25	0,25	−1,75	−1,25	−6,375	2,5	0	0	0	0	0	1		1

und i konstante Kräfte und Momente an und bestimmt sie nach Tabelle I, 1 bzw. II, 1 so, daß sie der gegebenen Belastung im Felde i äquivalent sind.

12. Der Vergleich mit der Eliminationsmethode. Wir stellen zunächst die Grundzüge der beiden Verfahren in kurzen Worten einander gegenüber:

Die Eliminationsmethode	Das Reduktionsverfahren
eliminiert eine oder mehrere Kraft- bzw. Deformationsgrößen aus	beläßt sämtliche an der Deformation beteiligten Kraft und Deformationsgrößen in

ihrem natürlichen Zusammenhang

Die Elimination gelingt nur durch Übergriffe von einem Feld auf alle benachbarten (oft auch ferner liegende) Felder. Diese sich über das ganze Tragwerk hin erstreckende Kopplung	Die Grundgleichungen werden für jedes einzelne Feld getrennt und unabhängig voneinander aufgestellt. Diese Trennung
hat ein lineares Gleichungssystem von verhältnismäßig	
hoher	niedriger
Ordnung zur Folge. Die Systemmatrix ist	
stets symmetrisch und oft von Streifenform.	nicht symmetrisch und im allgemeinen voll ausgefüllt.
Nachdem dieses Gleichungssystem gelöst ist,	
liegen lediglich die eliminierten Größen vor.	sind nach einiger weiterer Rechnung Kraft- und Deformationsgrößen bekannt.

Die Vorzüge des Reduktionsverfahrens sind somit folgende:

a) Es entfällt der lästige Eliminationsvorgang.

b) Die Ordnung r des zu lösenden Gleichungssystem ist niedrig.
Sie ist insbesondere unabhängig vom Grade der statischen Unbestimmtheit und der Felderzahl.

c) Die gegebenen technischen Daten werden direkt oder doch in einfachsten Kombinationen in die Rechnung eingeführt.

d) Die praktische Rechnung besteht allein aus dem Bilden skalarer Produkte, ist deshalb einförmig und somit leicht programmierbar.

e) Man gewinnt Kraft- und Deformationsgrößen gleichzeitig, was besondere Vorteile bei der Ermittlung von Einflußlinien bietet.

Obgleich die vorgerechneten Beispiele genug Überzeugungskraft besitzen, ist selbstverständlich ein möglichst objektiver Vergleich des Rechenaufwandes erforderlich. Ein solcher Vergleich läßt sich exakt jedoch nur für Verfahren durchführen, deren Operationen von vornherein abzählbar sind, also nicht für Näherungsverfahren wie etwa das von *Cross* und andere, da deren Rechenaufwand in großem Maße von der Erfahrung und der Geschicklichkeit des Rechners abhängt. Mehrere zum Teil recht umfangreiche und deshalb hier nicht wiedergegebene Vergleiche zeigen in der Tat, daß das Reduktionsverfahren in fast allen praktisch vorkommenden Fällen weitaus weniger Operationen (Aufschreiben von Zahlen, Additionen und Multiplikationen) erfordert als die Eliminationsmethode, selbst wenn man annimmt, daß der Eliminationsvorgang ein für alle mal formelmäßig durchgeführt wurde und daher keine Mehrarbeit verursacht, wie etwa bei den bekannten Drei- bzw. Fünfmomentengleichungen und anderen [siehe auch I Ziff. 11].

13. Die vollständige Theorie des Reduktionsverfahrens. Zum Schluß wollen wir uns ganz von der speziellen Bedeutung des grundlegenden Differentialgleichungssystems II (3) lösen und nur noch voraussetzen, daß es linear sei (Biegen, Knicken, Schwingen[1,2,3], elastische Bettung, gekrümmte Rahmen[4] und dergleichen). Der Rechnungsgang läßt sich dann in großen Zügen etwa folgendermaßen umreißen:

1) Das dem Problem zugrunde liegende lineare Differentialgleichungssystem der Ordnung $2\,\varrho$ wird gelöst; man erhält ein Fundamentalsystem mit $2\,\varrho$ willkürlichen Integrationskonstanten und eine Partikularlösung.

2) Diese im allgemeinen mechanisch sinnlosen Integrationskonstanten werden ersetzt durch die Kraft- und Deformationsgrößen am linken Feldrand, was durch geeignete Linearkombination geschieht[5].

3) Damit ist auch der Zusammenhang zwischen den Kraft- und Deformationsgrößen an beiden Feldrändern hergestellt:

$$\mathfrak{x}_1 = \mathfrak{L}_1 \mathfrak{x}_0, \quad \mathfrak{x} = (\mathfrak{d}, \mathfrak{k}, 1), \tag{23}$$

wo $\mathfrak{d}$ bzw. $\mathfrak{k}$ die zueinander konjugierten Deformations- bzw. Kraftgrößen sind. Falls am rechten Ende Federreaktionen angreifen, wird die zunächst quadratische Matrix $\mathfrak{L}$ zu einer rechteckigen

[1] *K. Marguerre*, Math. Phys. 35 (1956) S. 28.
[2] *E. Pestel* und *G. Schumpich*, Schiffstechnik 4 (1957) S. 55.
[3] *S. Falk*, Abh. Braunschweig. Wiss. Ges. 9 (1957) S. 1.
[4] *G. Schumpich*, Beitrag zur Kinetik und Statik ebener Stabwerke mit gekrümmten Stäben. Diss. Hannover 1957.
[5] *S. Falk*, Abh. Braunschweig. Wiss. Ges. 7 (1955) S. 74.

Leitmatrix mit $2\varrho+1$ Zeilen und $3\varrho+1$ Spalten erweitert; die Vorschrift (23) ist dann als verschränkte Multiplikation aufzufassen.

4) Jetzt haben wir drei verschiedene Typen von Tragwerken zu unterscheiden:

a) Durchlaufträger. Für n aufeinander folgende Felder gibt (23)

$$\mathfrak{x}_n = \mathfrak{L}_n \mathfrak{L}_{n-1} \cdots \mathfrak{L}_1 \mathfrak{x}_0 = \mathfrak{P}_n \mathfrak{x}_0 . \tag{24}$$

b) Verzweigte offene Tragwerke. Diese werden durch einen einfachen Kunstgriff auf einen oder mehrere Durchlaufträger zurückgeführt (Koppelfedern).

c) Geschlossene Tragwerke. Aus diesen läßt sich stets eine Anzahl s von durchlaufenden Strängen herauslösen, deren Gesamtheit man nach geeigneter Erweiterung des Vektors $\mathfrak{x}$ und der zugehörigen Leitmatrix ebenfalls wie einen einzigen Durchlaufträger behandeln kann.

5. Auf jeden Fall sind damit sämtliche überhaupt in der Rechnung auftretenden Kraft- und Deformationsgrößen nach (24) lineare Funktionen der im Anfangsvektor $\mathfrak{x}_0$ vereinigten ϱ bzw. $r = \varrho_1 + \cdots + \varrho_s$ Paare von Integrationskonstanten. Aus jedem dieser Paare verschwindet genau eine Größe infolge der r Randbedingungen links; die übrigen gehen als Freigrößen $(A_1, A_2, \ldots A_r) = \mathfrak{a}$ durch die ganze Rechnung hindurch. Die r Randbedingungen rechts liefern zu ihrer Bestimmung das lineare Gleichungssystem

$$\mathfrak{A}\,\mathfrak{a} + \mathfrak{r} = 0 . \tag{25}$$

6) Hier unterscheiden wir drei Fälle:

a) Ist $|\mathfrak{A}| \neq 0$, so folgt $\mathfrak{a} = -\mathfrak{A}^{-1}\mathfrak{r}$.

b) Falls $\mathfrak{r} = 0$ ist (homogene Probleme), stellt $|\mathfrak{A}| = 0$ als notwendige Bedingung für nichttriviale Lösungen eine Bestimmungsgleichung für gewisse in der Rechnung mitgeführte Parameter dar. Die Wurzeln dieser Gleichung heißen Eigenwerte (kritische Knicklasten, Eigenfrequenzen usw.) und die zugehörigen Eigenvektoren $\mathfrak{a}$ sind bis auf einen willkürlichen Faktor ebenfalls bestimmbar.

c) Wenn $|\mathfrak{A}| = 0$, aber $\mathfrak{r} \neq 0$, so sind Lösungen nur möglich, wenn $\mathfrak{r}$ gewissen Bedingungen genügt.

7) Mit $\mathfrak{a}$ zugleich liegt nun der Anfangsvektor $\mathfrak{x}_0$ und damit die Gesamtheit der Kraft- und Deformationsgrößen an allen Feldgrenzen fest. Das grundlegende Fundamentalsystem liefert daraus auch den funktionalen Verlauf der an der Deformation beteiligten Kraft- und Deformationsgrößen über dem ganzen Rahmentragwerk, womit das Problem erschöpfend gelöst ist.

14. Zusammenfassung. Wir haben gesehen, wie sich auf Grund der Gleichungen II (3) oder irgendeines anderen linearen gewöhnlichen Differentialgleichungssystems und einiger zweckmäßig eingeführter Begriffe wie Reduktion, Feldgrenze, Koppelfeder, Strangschar usw. die große Mannigfaltigkeit ebener und räumlicher Rahmentragwerke theoretisch erfassen, aber auch zahlenmäßig berechnen läßt. Insgesamt acht vorgeführte Beispiele und ein allgemeines Programm für digitale Rechenautomaten zeigen den praktischen Wert des Verfahrens auf; seine Überlegenheit über die bis heute gebräuchlichen Eliminationsmethoden beweist ein objektiver Vergleich.

(Eingegangen am 13. Mai 1957)

Anschrift des Verfassers: Dr.-Ing. *Sigurd Falk*, Braunschweig, Celler Str. 93 a

V/12/6 0,125 (KB./Z. 040)